FRED&OTTO

Hedi Breit · Yvonne Lacina

Stadtführer für Hunde
FRED&OTTO
Unterwegs in Wien

FRED&OTTO

Impressum

Bibliografische Informationen der Deutschen Nationalbibliothek

Die Deutsche Nationalbibliothek verzeichnet diese Publikation in der Deutschen Nationalbibliografie; detaillierte bibliografische Daten sind im Internet über

http://dnb.d-nb.de abrufbar.

ISBN: 978-3-95693-000-3

Grafisches Gesamtkonzept, Titelgestaltung, Satz und Layout: Stefan Berndt – www.fototypo.de

Illustration: Leandro Alzate (www.leandroalzate.com)

Abbildungsverzeichnis

Hedi Breit: S. 18 (oben rechts), S. 19 (unten links), S. 27, S. 31, S. 43 (oben rechts), S. 47, S. 50, S. 60, S. 66, S. 79, S. 80, S. 83, S. 91, S. 92, S. 94 (oben), S. 100, S. 101, S. 105, S. 121 (links), S. 121 (rechts), S. 126, S. 132, S. 142, S. 144, S. 147, S. 148 (links), S. 154, S. 155, S. 157, S. 159, S. 161 (oben), S. 163, S. 168-169, S. 213, S. 227, S. 233, S. 235, S. 245, S. 246, S. 247, S. 248, S. 249, S. 250, S. 251, S. 252, S. 253, S. 254, S. 257, S. 258, S. 264-265

Yvonne Lacina: S. 45, S. 93, S. 133 (links), S. 133 (rechts), S. 161 (unten links), S. 185

Werner Streifelder: S. 11 (links), S. 11 (rechts); Tanja Hofer Photography: S. 13; Ulli Stelzer: S. 16 (oben); Andrea Fehringer: S. 16 (unten); Aneta Jasek: S. 17 (oben); Britta Cheetham: S. 17 (unten); Silvi Ertl: S. 18 (oben links); Bettina Greslehner: S. 18 (unten links); S. 18 (unten rechts); Doris Rittberger: S. 19 (oben links); Roman Roznovsky: S. 19 (oben rechts); Tanja Hofer Photography: S. 19 (unten rechts); Uli Kasess: S. 20-21; Bettina Greslehner: S. 25, S. 33; Tanja Hofer Photography: S. 35; Elisabeth Hammerschmid: S. 39; Bettina Greslehner: S. 40; J. Eitler: S. 41; Ulli Stelzer: S. 42, S. 43 (oben rechts), S. 43 (Mitte), S. 43 (unten links), S. 43 (unten rechts), S. 44; Lukas Bast: S. 46 (links); Markus Killer: S. 46 (oben rechts); Vier Pfoten: S. 48, S. 49; Clever Dog Lab: S. 51, S. 52; Miljan Djordjevic: S. 53; Oliver Feistmantl: S. 54-55; Fabian Herneth: S. 58; Bettina Greslehner: S. 61, S. 62, S. 63; Philipp Zaufel: S. 65; Andrea Peller: S. 68; Bettina Greslehner: S. 70-71; Tanja Hofer Photography: S. 74; Personal Dog Training: S. 75; Aneta Jasek: S. 86-87; Sebastian Blaha: S. 94 (unten); Isabella Draxler: S. 96; WildUrb: S. 98; Isabella Draxler: S. 99; Brandstätter Verlag: S. 102; Franz J. Sauer: S. 106 (oben), 106 (unten); Kehrer Verlag: S. 106; Tanja Nawratil: S. 108; New Age Fotonaphie: S. 109; Franz Wodak: S. 110; Irene Wodak: S. 111; Nadja Bernhard: S. 113; Bettina Greslehner: S. 114, S. 115; Sebastian Blaha: S. 118; Bettina Greslehner: S. 123, S. 124; Alexander Schug: S. 127; Aneta Jasek: S. 128-129; C. Houdek: S. 135; FPÖ: S. 137; ÖVP Wien: S. 138; Die Grünen: S. 140; Aneta Jasek: S. 148 (rechts), S. 149; Verein Tierfreunde: S. 150; Ulli Stelzer: S. 151, S. 152; Kriminalmuseum Wien: S. 153 (oben), S. 153 (unten); Vicenzo Lembo: S. 161 (unten rechts); Wikimedia Commons (Lizenz: CC BY 3.0), GuentherZ: S. 162; Georg Cutka: S. 165; schulhund.at: S. 166, S. 167; Marcel Kremmer: S. 173; Roman Roznovsky: S. 175; Markus Pöchinger: S. 176-177; Aneta Jasek: S. 180, S. 181, Privat: S. 184; Peter Witzeneder: S. 188; Matthias C. Schweda: S. 189; Die Johanniter: S. 190, S. 191; Verlag Kynos: S. 192; Aneta Jasek: S. 193, S. 194, S. 195; Lila loves it: S. 196, S. 198; Oliver Feistmantl: S. 200-201; Bunter Hund: S. 205, S. 206, S. 207; Bettina Greslehner: S. 209; Aneta Jasek: S. 210, 211, 212 (links), 212 (rechts); Tanja Hofer Photography: 217; Martin Pfitzner: S. 220; Bettina Greslehner: S. 222; Alcott: S. 223; Titanilla Eisenhart: S. 224, S. 225; Ritter Klagenfurt: 226; Bettina Greslehner: S. 228; Markus Pöchinger: S. 229, S. 230; Goldmann Verlag: S. 231 (links); Amalthea Verlag: S. 231 (unten); Gulliver Verlag: S. 231 (rechts); Werner Streifelder: S. 238-239; Bettina Greslehner: S. 243, S. 244; Ulli Stelzer: S. 255, S. 256 (oben), S. 256 (unten); Andrea Magalotti: S. 259; Toni Anzenberger: S. 260; Roman Gregory: S. 262; Mevisto: S. 263; Bettina Greslehner: S. 279

Finde uns auf Facebook unter www.facebook.com/fredundotto

Inhalt

VOR WORT

„Der schnellste Weg, um gut mit den Wienern klarzukommen, ist freundlich zu ihren Hunden zu sein", erzählte uns einmal eine Dame, die aus dem Ausland kam und sich in Wien niederließ. Es war eines dieser Gespräche, die ohne Hund im Schlepptau wahrscheinlich nie zustande gekommen wären. Und sagt viel über den Stellenwert aus, den diese wunderbaren Geschöpfe in dieser liebenswerten Stadt haben. Man redet aber nicht nur über Hunde, man lebt mit ihnen. Sehr gut sogar. Und viele leben auch von ihnen: Hunde sind ein enormer, stetig wachsender Wirtschaftsfaktor. Es gibt kaum ein Lokal oder Geschäft, wo einem ein „Leider Nein" unter die Nase gerieben wird, wenn man einen vierbeinigen Schatten hat. Und es lässt sich auch fast überall ein Grashalm für Wastis Geschäft finden. Deshalb erklären wir Wien hiermit zur Hundeshauptstadt.

FRED & OTTO unterwegs in Wien. Ein Stadtführer für Hunde und ihre Menschen. Bei unseren Recherchen haben wir viele Menschen getroffen, die mit Hunden arbeiten oder sie einfach nur zu ihrem ständigen Begleiter auserkoren haben. Wir haben etliche Interviews geführt, unzählige Stunden im Internet und am Telefon verbracht. Wir sind draufgekommen, dass sich ein Hirschgeweih viel leichter zu einem Fotoshooting transportieren lässt als ein Cremetörtchen für Hunde, waren dem Wolf näher, als uns lieb war und haben es irgendwann endgültig aufgegeben, unsere Schuhe zu putzen.

Wir haben Plätze, Wege und Ziele recherchiert, die hoffentlich jeden Hund vor dem Ofen hervorlocken. Wir haben nachgeschaut, wo die Wiener Hunde herkommen, was sie so fressen, wie sie gesund und fit bleiben und wo sie zum wohlerzogenen Stadthund werden. Wir haben uns angeschaut, welche Hunde in der Stadt Dienst tun und was Hunde für Menschen mit Behinderungen leisten.

Wir haben Unternehmungen, Events und Shoppingadressen recherchiert, die Mensch und Hund Freude machen, haben uns durch den Paragraphendschungel diverser Gesetzestexte und Versicherungspolizzen geschnüffelt, Politiker zum Thema Hund in-

Hedi Breit und Lola

Yvonne Lacina und Frida

terviewt und uns mit dem traurigsten Kapitel im Buch und im Leben eines Hunde- halters beschäftigt.

Wir haben bei der Recherche gelernt, dass Hunde ganz schön viel können. Lesen ge- hört nicht dazu. Ist aber auch nicht not- wendig. Es reicht, wenn Frauli und Herrli sich gut informieren. Hundekekse, Hunde- training, Hundeberatung, Hunde-Wellness, wir haben möglichst viel zusammengetra- gen, wo das Wort Hund auch nur irgendwie vorkommt, um ein Buch für Hundehalter, für Menschen mit Hundewunsch und für Besucher der Stadt zu schreiben.

Und für Sie haben wir bei Gelegenheit auch gleich fleißig Rabattcoupons gesammelt. Damit sich dann ein Entschuldigungs- Stangerl mehr ausgeht, wenn Sie dieses Buch lesen, anstatt mit Bello durch den Wald oder die Stadt zu ziehen. Und wir ha- ben die Hotspots und Highlights in einen Stadtplan eingezeichnet.

Wir sagen danke an alle, die wir interview- en und fotografieren durften und die uns beim Recherchieren und Foto- grafieren geholfen haben. Vor allem dan- ken wir aber unseren Hunden Lola und Frida, die keinen Muckser gemacht haben, obwohl wir uns wochenlang mit anderen Hunden beschäftigt haben und von unse- ren Computern kaum wegzukriegen waren. Wir sagen sorry, dass wir nicht immer so viel Ball gespielt haben wie sonst, späte- stens beim Punkt „Beschäftigung bei Hun- den" hatten wir eh ein schlechtes Gewis- sen. Wir besorgen auch zwei extra große Überraschungen. In diesem Fall transpor- tieren wir sogar zwei Cremetorten.

Wir wünschen viel Spaß beim Lesen und Nachschnüffeln!
Hedi Breit & Yvonne Lacina

PS: Wir haben im Buch für die Lesefreundlichkeit bewusst auf eine gendersensible Sprache verzich- tet. Wie das Herrl/Frauerl, so das G'scherrl, klingt einfach nicht so gut. Frau möge es uns verzeihen.

Schnelleinstieg in die Wiener Hundewelt

Die Fakten

In Wien wohnen rund 1,8 Millionen Einwohner mit etwa 61.000 gemeldeten Hunden zusammen.

Es gibt mehr als 160 Hundezonen und Hundeauslaufplätze, in Summe also mehr als eine Million Quadratmeter an Auslaufmöglichkeiten.

Das „Sackerl fürs Gackerl": 3.000 Gackisackerl-Automaten sind quer über die Stadt verteilt. Erstaunliche 47.200 Sackerln landen täglich im öffentlichen Mistkübel.

34 Prozent der Wiener bezeichnen die Stadt als hundefreundlich.

Im Durchschnitt gibt der Wiener etwa 60 bis 100 Euro pro Monat für seinen Hund aus.

Die Pflicht

Hundesteuer: 72 Euro zahlt man jährlich für einen Hund, 105 Euro zahlt man zusätzlich pro Jahr für jeden weiteren Hund.

Mikrochip: Jeder Hund muss einen Chip haben, damit hat er einen weltweit einmaligen Nummerncode. Wenn er verloren geht, kann man ihn leichter finden. Allerdings muss der Hund extra in einer Datenbank registriert werden.

Versicherung: Jeder Hund muss eine Haftpflichtversicherung haben. Und die ist nicht immer automatisch in der Haushaltsversicherung inkludiert.

Leinen oder Maulkorbgebot: Hunde müssen an öffentlichen Orten entweder an der Leine sein oder einen Beißkorb tragen.

Öffentliche Verkehrsmittel: Hunde dürfen nur mit Leine und Beißkorb mitfahren.

Hundeführschein: Zwölf Rassen bzw. deren Mischlinge gelten derzeit als sogenannte Listenhunde. Wer so einen Hund hat, ist verpflichtet, den Hundeführschein zu absolvieren.

Eigentlich eine Selbstverständlichkeit, aber zur Sicherheit: Stachelhalsbänder, elektrische oder chemische Halsbänder sind verboten.

Stadt & Hund

Ein Hund in der Stadt – geht das überhaupt? Unsere Antwort: na, und wie das geht. Erstens, ist es egal, wo das Sofa steht, auf dem man als Hund gerne herumlümmelt. Zweitens ist es gleichgültig, wo es dem Hund gut geht, weil das immer davon abhängt, wie viel sich der Zweibeiner mit seinem Vierbeiner beschäftigt und wie oft er mit ihm spazieren geht. Hunde auf dem Land kommen aus ihrem Garten oft viel weniger hinaus. Und Wien hat als Stadt für Hunde und Hundehalter einiges zu bieten: viele Grünflächen, Wälder, Bademöglichkeiten und kaum einen Ort, wo Bello nicht mit darf. Hier lässt es sich auch als Hund wunderbar leben. Wie gut, zeigen wir auf den nächsten Seiten. Ein fotografisches Porträt von Mensch und Hund in Wien.

REICH MIR
DIE TATZE,
MÄCHTIGER
PUDELFANT!

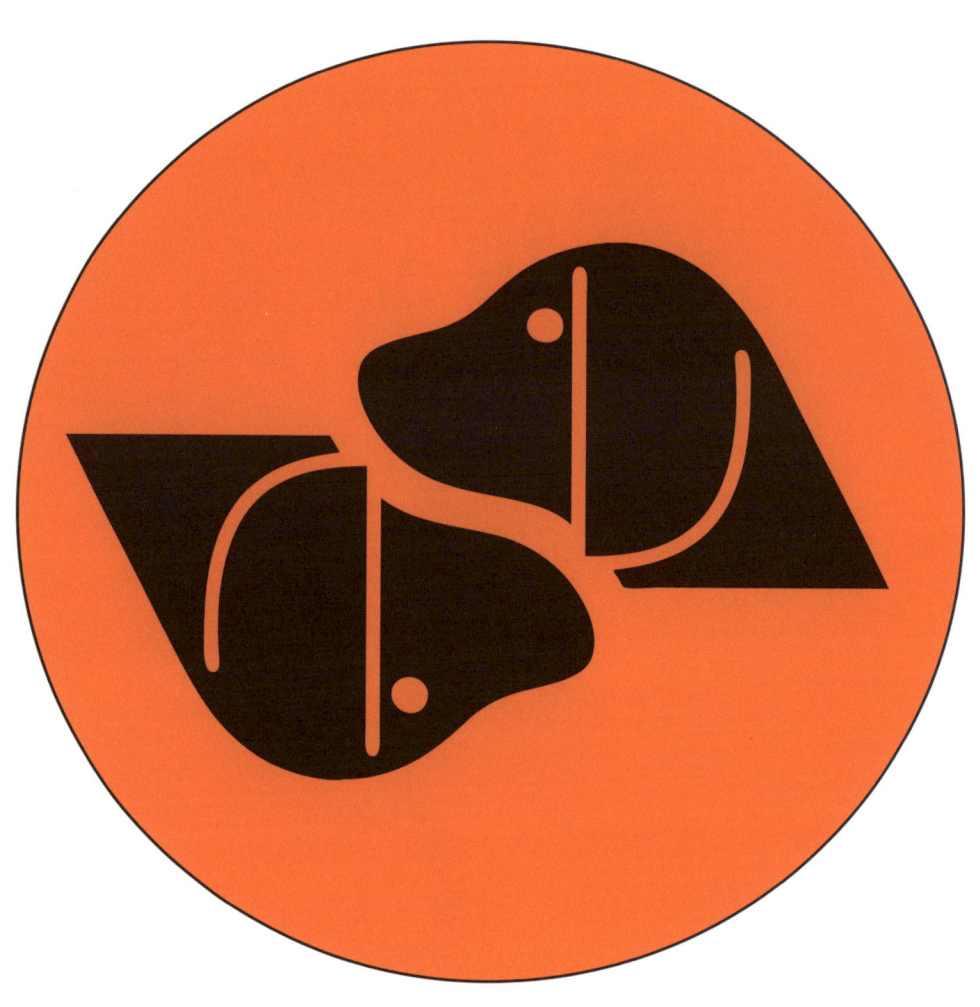

Züchter, Tierheim & Co.

Zu allererst, wir gestehen, dass wir verstehen können, dass man uns Hundemenschen manchmal für verrückt hält. Aber nur manchmal. Für uns ist das normal, ständig voller Hundehaare zu sein und immer ein Gackisackerl in allen Jackentaschen zu finden. Trotzdem: ein Leben ohne Hund ist für uns nur ein halb so schönes. Punkt. Warum das so ist, erklärt uns Verhaltensforscher Kurt Kotrschal. Welcher Hund zu einem passt und wo man überhaupt einen herbekommt, da haben wir uns durchgefragt. Aber auch: Wovon man besser die Hände lässt. Wir waren auch bei denen, die Unterstützung brauchen, bei den Hunden im Wiener Tierschutzhaus. Und zu guter Letzt, wollen wir in einem Forschungslabor noch verstehen, wie unser geliebter Vierbeiner eigentlich denkt.

Wunderbares Hundeleben

Über das unerklärliche Verhalten hundeverliebter Großstädter

Ein Hund stellt das Leben des Menschen gehörig auf den Kopf. Plötzlich latscht man bei jeder Witterung und zu den eigenartigsten Tag- und Nachtzeiten durch die Weltgeschichte auf der Suche nach einem Stück Wiese. High Heels und schicke Outfits werden von Gummistiefeln und wetterfesten Jacken verdrängt, die mehr praktisch als hübsch sind. Dass man dauernd schmutzige Schuhe und Pfotenabdrücke oder Matsch auf der Hose hat, empfindet man schnell als ganz normal. So wie die schwarzen Plastiksackerl, die man in jeder erdenklichen Tasche mit sich trägt und auch regelmäßig aus der Waschmaschine hervorholt. Man entwickelt ein ambivalentes Verhältnis zu Hundehaaren: Auf dem Hund hat man sie gern, frei schwebend wird man ihnen einfach nicht mehr Herrl. Sie werden zu ständigen Begleitern, auch wenn der Hund nicht da ist. Besucher verabschiedet man nicht mehr nur mit einer Umarmung, sondern mit der Übergabe eines Fusselrollers.

Man kauft Leckerlis, bei deren Anblick es einem schon graust, und freut sich trotzdem mit dem Vierbeiner. Gegen den bestialischen Geruch von Kaustangerln wird man als Hundebesitzer seltsamerweise mit den Jahren halbwegs resistent. Fernreisen per Flugzeug sind auf einmal auch nicht mehr so spannend wie früher. Viel schöner sind Urlaube, in denen man im völlig versauten Auto irgendwo hinfährt, wo auch Hunde Gäste sein dürfen.

Sogar der Freundeskreis verändert sich, man umgibt sich immer öfter mit anderen Hundemenschen und geht gemeinsam in den Wald statt in die Cocktailbar. Lokale und Orte, an denen Hunde verboten sind, werden, so gut es geht, gemieden. Dass Freunde zuerst den Hund begrüßen, ausgiebig knuddeln und das leckere Mitbringsel überreichen, bevor man selbst wahrgenommen wird, ist ganz normal.

Man redet mit fremden Menschen mitten auf der Straße. Hundebesitzer grüßen einander in der Großstadt, aber man kennt selten die Namen der Menschen, aber die ihrer Hunde. Und auch ihre Wehwehchen, Gewohnheiten, Lieblingsspeisen, Macken und die Geschichte, wie Herrl und G'scherrl zusammen gefunden haben. Es menschelt sehr mit Hund.

Man sieht auch die Stadt mit ganz anderen Augen. Bevor man einen Hund hat, schaut man nicht, was wo herumliegt und vielleicht verspeist werden könnte. Es ist ja beeindruckend, wie viele mehrgängige Menüs ein paar Meter Gehsteig in Wien bieten. Ständig hält man Ausschau nach anderen Hunden, Grünflächen und Gackisackerlspendern, und man geht selektiv in den Geschäften einkaufen, die ein Hundekeksi bereithalten.

Ist der Hund einmal nicht da, hat man dauernd das Gefühl, dass etwas fehlt oder man irgendwas vergessen hat. Man vermisst die liebgewordenen Rituale und das Geräusch der Pfoten beim Gehen neben sich. Eine Türklingel ohne nachfolgendes Gebell ist ein völlig überraschendes Geräusch. Irgendwie ist alles komisch ohne Hund.

Man gibt unheimlich viel Geld für Notwendiges und Blödsinn aus. Termine werden nur mehr vereinbart, wenn sie mit den Gassizeiten fixiert sind. Man legt unzählige Extrakilometer zurück, um zum Hundesitter zu fahren, bevor man den Hund ein paar Stunden alleine lässt. Man heult Rotz und Wasser bei Filmen, in denen ein Hund stirbt. Und keinem Menschen würde man bestialische Blähungen in kleinen Aufzügen oder dem Auto verzeihen, beim Hund sieht man das mit Humor und hält einfach die Luft an.

Irgendwie kein Wunder, dass Menschen, die nie einen Hund in ihr Herz geschlossen haben, uns Hundemenschen für verrückt erklären.

Ein Leben ohne Hund ist gegen die Natur

Was Mensch und Hund verbindet

Der erste Begleiter des Menschen war der Wolf. Jetzt ist es der Hund. Für den Verhaltensforscher und Biologen Kurt Kotrschal ist Hundehaltung ein Menschenrecht. Auch in der Großstadt.

Wie viele Hunde verträgt diese Stadt?

Wien hat im Vergleich zu anderen Bundesländern eher wenige vierbeinige Bewohner. Derzeit lebt etwa in jedem zehnten Haushalt ein Hund, das liegt weit unter dem österreichischen Durchschnitt. Wenn man es richtig macht, verbessern sie das soziale Zusammenleben von Menschen. So gesehen verträgt Wien noch jede Menge Hunde.

Warum haben so viele Menschen in Großstädten das Bedürfnis, sich mit einem Hund zu umgeben?

Das ist kein Großstadtphänomen. Menschen interessieren sich fast instinktiv für die Natur, das sieht man an allen Kindern weltweit in allen Kulturen. Manche Leute behalten es lebenslang, andere schwenken auf ein anderes Gebiet um und erwärmen sich beispielsweise für Autos. Großstädte sind naturferne Lebensräume, da ist ein Hund eine Art emotionaler Kontakt zur Natur. Und er ist eines der besten Mittel gegen Alterseinsamkeit und Depression. Bei jungen Singles herrscht eine starke Tendenz, mit Tieren zu leben. Die Trends sind nicht sehr belegt, aber ich habe den Eindruck, dass speziell jüngere Frauen lieber mit Freundinnen oder Hunden leben als mit Männern. Jüngere Männer ohne fixe Beziehung – und das sind immer mehr – haben eher Katzen, die sich natürlich anbieten, wenn man beruflich den ganzen Tag angehängt ist und den Hund nicht mitnehmen kann.

Was unterscheidet Stadthunde von denen, die am Land gehalten werden?

Es gibt zwar keine Daten, aber Stadthunde scheinen besser sozialisiert und höflicher zu sein. Sofern die Besitzer nicht neurotizistisch sind und den Hund ständig ängstlich an der Leine herumschleppen, hat man in der Stadt vorwiegend nette Begegnungen zwischen Hunden. Zwei Diplomandinnen haben sich 600 Spaziergänge angeschaut und keinen einzigen Fall von einer wirklich aggressiven Auseinandersetzung zwischen Hunden oder zwischen Hunden und Menschen

Kurt Kotrschal mit seiner trächtigen Eurasier-Hündin Bolita

entdeckt. Stadthunde sind also meistens sehr nett und sehr gut sozialisiert. Am Land neigen Hunde eher zu einem territorialen und aggressiven Gehabe. Sie werden noch stärker an der Leine gehalten, was für die Entwicklung der Partnerschaft überhaupt nicht ideal ist. Die Stadt ist eigentlich der bessere Lebensraum. Ich bin Präsident eines Hundevereins, des Eurasierclubs, da rufen oft Leute wegen eines Welpen an, sie hätten ideale Bedingungen, also Haus mit großem Garten. Ich sag dann immer: ganz schlecht. Das sind genau die Menschen, die dazu tendieren, mit dem Hund zu wenig rauszugehen. Hat jemand einen Hund in einer Wohnung, muss er zumindest zweimal am Tag ordentlich raus. Das ist

viel besser als ein Hund im Garten, den man dann vergisst.

Was müssen Stadthunde und ihre Besitzer können, wo sollten sie noch dazulernen?

Der Hund muss in der Stadt vor allem sozial verträglich sein. Das heißt: andere Leute nicht belästigen, bei Fuß gehen, die basalen Skills haben, niemandem hinaufspringen, Kinder nicht verfolgen. Besitzer und Hunde müssen auf andere Leute Rücksicht nehmen, besonders, wenn sich jemand vor Hunden fürchtet.

Hunde sind oft der Auslöser zur Kommunikation zwischen Menschen, die sich noch nie gesehen haben. Welchen Bei-

trag leisten Hunde zum sozialen Leben der Menschen in der Großstadt?

Hunde sind eine Art Eisbrecher für Gespräche. Mit Welpen funktioniert das am besten, da wird man in einer Stunde zehnmal angesprochen. Wenn man will, ergibt sich daraus jedes Mal ein nettes Geplauder. Man kann beobachten, dass sich gerade Pensionistinnen, die mit ihrem Flocki unterwegs sind, ständig mit jemandem unterhalten. Ohne Hund ist das eher unwahrscheinlich, man hat keinen Gesprächsstoff. Hunde wirken als kommunikatives und soziales Schmiermittel.

Hunde sind in Mode, die Halter informieren sich mehr. Haben Hunde einen anderen Stellenwert als früher?

Da ist etwas im Gange in der Gesellschaft, aber auch hier gibt es keine Daten, weil sich Soziologen zu wenig für das Thema interessieren. Wir gehen da offenbar einem skandinavischen Vorbild nach, wo Hunde schon länger als vollwertige Familienmitglieder angesehen werden und zunehmend auch als vollwertige Mitglieder der Gesellschaft. Dafür gibt es viele Indizien, zum Beispiel korreliert die Wertschätzung der Tiere stark mit dem Trend zum Vegetarismus, auch der ist im Vormarsch bei jungen Leuten. Es ändert sich definitiv etwas in der Gesellschaft, wenn auch nicht bei allen. Deshalb könnten sich mehr Auseinandersetzungen zwischen Leuten entwickeln, denen Tiere extrem wurscht sind, und denen, die die Tiere als Mitgeschöpfe sehen, also auf gleicher Augenhöhe mit eigenen Bedürfnissen und natürlich auch Rechten.

Hunde sind ein großer Wirtschaftsfaktor. Tierkommunikationsseminare und Hundepsychologiekurse boomen. Wie sehen Sie diesen Trend?

Auch der steht im Zusammenhang mit der höheren Wertigkeit von Hunden. Da interessiert man sich automatisch mehr dafür, wie sie ticken, und versucht, sich zu informieren und zu bilden. Daran ist nichts Schlechtes. Man sollte sich nur genau anschauen, wo man zu diesem Zweck hingeht. Das Angebot ist sehr groß, und nicht alles davon ist topp. Das heißt jetzt nicht, dass alle anderen außer einem selber absolute Deppen sind, aber manches ist schon Hokuspokus. Wie bei der Tierkommunikation, wo dir Leute am Telefon erzählen, was deine Katze gerade gesagt hat – das ist natürlich reiner Humbug. Aber zu lernen, auf die Kommunikation des Hundes einzugehen, sich über seine Bedürfnisse zu informieren und die eigenen etwas zurückzustellen, hat schon einen Sinn. Eine Partnerschaft mit einem Hund ist eine Partnerschaft. Und die besteht darin, dass ich mich eben nicht zu hundert Prozent selbst verwirklichen kann, sondern dass der Partner auch einen gewissen Stellenwert hat. Das muss man auch mit einem Hund beachten, und die meisten tun das auch. Der Hund kommt ins Haus, und das Zeitbudget der Familie ändert sich dramatisch, oft in einem Ausmaß, das sich die Leute nicht erwartet haben. Die meisten sind glücklich mit der Versklavung, bei manchen klappt es halt nicht.

Das Angebot an sportlichen Aktivitäten wird immer größer. Man bekommt als Hundehalter schon fast ein schlechtes

Gewissen, wenn man nur spazieren geht und Stöckchen wirft. Sind manche Hunde überbeschäftigt?

Schlechtes Gewissen braucht man da keines zu haben, im Gegenteil. Denken Sie an Kinder. Wenn sie in der Schule gefordert sind, danach Sport betreiben und dann noch Geige lernen müssen, sind sie überfordert. Genau so ist es mit Hunden. Ich kenne gute Hundeverhaltensberater die das übereinstimmend als häufigstes Problem in der Stadt ansehen: Leute, die glauben, sie müssen den Hund drei Mal am Tag mit unterschiedlichem Programm bespaßen. Ununterbrochen Beschäftigung führt zu überdrehten Hunden. Man kann auch sagen: Überdrehte Besitzer haben überdrehte Hunde. Das ist nicht gesund. Die bekannte Hundetrainerin Clarissa von Reinhardt predigt etwa, dass man mit Hunden nicht immer Sport treiben müsse. Einen ganz entspannten Nachmittag gemeinsam irgendwo auf der Wiese liegen, ist auch super. Bewegung ist wichtig, Aktivität ist wichtig, aber wenn man es übertreibt, bringt es nichts.

Haben Stadthunde andere gesundheitliche Probleme als Hunde vom Land?

Das kann ich nicht beurteilen, weil ich die Daten nicht kenne. Ich nehme aber an, dass gerade Hunde älterer Menschen eher unter Fettleibigkeit leiden, weil sie viel gefüttert werden. Das ist jetzt keine Diskrimination, man verändert sich ja mit dem Alter. Wahrscheinlich ist Übergewicht aber eher ein charakteristisches Problem von Stadthunden, mit allen gesundheitlichen Folgen, die auch Menschen hätten. Alles was Menschen in der Stadt trifft, trifft auch Hunde. Von zu viel fettem Essen über zu wenig Bewegung bis zum Feinstaub und der Tatsache, dass die Stadt architektonisch nicht geeignet ist für eine Mensch-Hund-Beziehung. Wenn man eine Stadt für Menschen plant, muss man eine Stadt für Hunde mitplanen. Eine nicht hundegerechte Stadt ist keine menschengerechte Stadt. Hunde sind unsere ältesten Gefährten, mit ihnen sind wir seit Ewigkeiten unterwegs, etwa zwischen 20.000 bis 50.000 Jahren. Es gibt keine Menschen ohne Hunde- oder Wolfsbegleitung, es gibt also so etwas wie ein Menschenrecht auf Hundehaltung. Daraus leitet sich ab – ich sag's jetzt einmal extrem: Nicht die sind die Spinner, die Hunde haben, sondern die anderen. Im Straßenverkehr kann ich heute auch nicht sagen: Ich habe kein Rad und kein Auto, deshalb kümmert mich auch die Straßenverkehrsordnung nicht. Dementsprechend müsste man verlangen, dass jeder Nicht-Hundehalter pauschal über das Verhalten von Hunden Bescheid weiß. Und man muss von der Städteplanung verlangen, dass sie das berücksichtigt. Das beißt sich übrigens dann nicht mit einer kindergerechten Stadt, weil das im Wesentlichen ähnliche Kriterien sind. Flächen, wo man frei laufen und etwas tun kann. Da passiert städteplanerisch immer noch viel Unsinn.

Gibt es Hunderassen, die für die Stadt nicht oder weniger geeignet sind?

Das kann man so nicht sagen, das hängt von den Haltungsbedingungen ab. Kleinere Hunde wird man in einer Wohnung angenehmer halten können, man kann aber

genauso gut große Hunde in der Stadt haben, sofern man sich entsprechend mit ihnen beschäftigt. Es gibt keinen Grund, mir nicht auch einen Windhund zu nehmen, wenn ich ein paar Mal in der Woche dafür sorge, dass er sich auspowern kann. Dasselbe gilt für Bordercollies. Die meisten Menschen haben ja leider Hunde, die nicht für sie geeignet sind. Sehr viele Leute, die Bordercollies nehmen, weil sie so lieb ausschauen, kommen später darauf, dass sie sich etwas aufgehalst haben. Aber wenn man für die Bedürfnisse des Hundes sorgen kann, was ja auch für die eigene Gesundheit gut ist, gibt's keine Rasseeinschränkungen. Bei den Listenhunden in Wien ist das etwas anders. Das hat eine gewisse Berechtigung, weil sie von Leuten als gefährlich wahrgenommen werden. Wenn ich mir heute einen Stafford Terrier zulege, ist das natürlich schon ein Statement. Wenn ich in Ruhe mit meinen Mitmenschen leben will, ist einem mit jeder anderen Rasse besser gedient als mit so einem Hund, und der kann noch so lieb sein. Wenn es jemandem taugt, mit einem sogenannten Kampfhund an der Leine durch die Gegend zu spazieren, dann soll er das machen, muss aber auf die Reaktionen gefasst sein. Ich bin eher nicht der Typ dafür. Grundsätzlich kann man einen Hund am Land genau so profund falsch halten wie in der Stadt. Wenn man fähig ist, seinen Bedürfnissen gerecht zu werden, ist es völlig wurscht, wo man wohnt.

Die Stadtverwaltung reagiert auf den Zuwachs der Vierbeiner mit dem Ausbau der Hundeauslaufflächen, wo viele fremde Artgenossen auf engem Raum zusammenkommen. Was bedeutet das für einen Hund als Rudeltier?

Das ist an sich eine sehr gute Maßnahme, vor allem, weil die Belegschaft dort nicht ständig wechselt. An den Hundeplätzen treffen sich immer wieder dieselben Tiere, die sich dann schon kennen. Die einen spielen, andere ignorieren einander. Das ist für die meisten Hunde eine gute Sache und sozial okay. Die Besitzer wissen, wo der Hund irgendwo keine Freude hat und gehen mit ihm dort nicht hin. Zu glauben, damit wäre es getan mit dem Auslauf in der Stadt, ist allerdings ein Irrtum. Die Beziehung zwischen Mensch und Hund entsteht vor allem durch gemeinsame Unternehmungen. Spaziergänge, Frisbee, was auch immer. Möglichst viel mit dem Hund ohne Leine zu unternehmen, ist ganz entscheidend. Wenn es jemand schafft, den Hund auf Maulkorb zu trainieren, hat er in Wien die Möglichkeit, ohne Leine zu laufen. Aber viele Leute – nach unseren Erhebungen im Innenstadtbereich nicht ganz 50 Prozent – ignorieren das Gesetz und lassen den Hund auch ohne Beißkorb frei laufen. Wobei ich schon der Meinung bin, dass es durchaus Bereiche gibt, wo man als Staatsbürger nicht verpflichtet ist, sich ans Gesetz zu halten. Aber das ist natürlich sehr vielschichtig im Hinblick auf das Sicherheitsbedürfnis. Für den Beziehungsaufbau zwischen Hund und Mensch ist es nicht das Beste, wenn der Hund vom Welpenalter immer nur an der Leine hängt. Für die Freiheit, die ein Hund braucht, sind Hundeplätze nicht da. Dort können Leute andere Leute und Hunde andere Hunde treffen. Wunderbar. Ein Begegnungsplatz ist nett, deckt aber nicht das ganze Bedürfnisspektrum ab. Die

Hunde powern sich nicht wirklich aus, auch wenn sie miteinander durch die Gegend fetzen. Dafür sind die Plätze zu klein. Gelegentlich werden Schläuche, wie der im neunten Bezirk an der Lände eingebaut, drei Meter breit und dreißig Meter lang. Da kann man nur sagen: besser als gar nichts. Wenn es blöd hergeht, kriegen sich Hunde aber leicht in die Wolle.

Kurt Kotrschal mit seinen handaufgezogenen Timberwölfen im Wolfsforschungszentrum Ernstbrunn

Welche Auswirkungen hatte die Einführung des Hundeführscheins in Wien?

Ich weiß nicht, ob es irgendeine Auswirkung hat. Was es sicher gebracht hat, ist etwas mehr Aufmerksamkeit auf die Tatsache, dass Hunde und Menschen sozial verträglich sein sollten. Vielleicht auch ein bisschen mehr Aufmerksamkeit auf die Listenhunde. Ob das gut ist, weiß ich nicht. Im Prinzip ist der Führschein eine gute Idee, ich weiß nur nicht, ob es so günstig ist, ihn auf ein paar Rassen zu beschränken.

Sollte der Hundeführschein für alle Halter eingeführt werden?

Es spricht nichts dagegen. Es ist kein Aufwand, und die Leute werden dazu angehalten, sich ein bisschen mit einem Hund zu beschäftigen. Schaden würde es sicher nicht. Wenn schon Führschein, dann für alle mit einer relativ unaufwändigen Schulung von ein paar Stunden.

Die Hundesteuer wurde deutlich angehoben, ist in Wien aber nicht zweckgebunden. Finden Sie die Abgaben durch die Aktivitäten der Stadt gerechtfertigt?

Das ist etwas zwiespältig. Eigentlich sollte man trachten, mehr sozial kompatible Hunde in die Stadt zu bringen. Die City hundegerechter zu gestalten, ist schon gut, andererseits darf die Steuer für Menschen, die es nicht so dick haben, kein Problem werden. Mit den 72 Euro im Jahr bewegen wir uns noch in einem Bereich, den man rechtfertigen kann. Wenn man sich nicht in die Tasche lügt, kostet ein Hund übers Leben gerechnet pro Jahr etwa 1.000 Euro. Am besten sollten sich die Hundebesitzer zusammentun und darauf schauen, dass ein bisschen was geboten wird für ihre Steuer. Das Angebot der Gratis-Gackisackerl ist sehr in Ordnung, das hat die Tierschutzstadträtin Ulli Sima sehr geschickt gemacht. Aber die Hundstrümmerlproblematik ist noch nicht in allen Bezirken erledigt. Trotzdem: Früher wurde man komisch angesehen, wenn man sich um ein Hauferl

gebückt hat, heute wird man komisch angeschaut, wenn man es nicht tut und gilt als sozialer Outlaw. Wenn das einmal überall so ist, hat man es geschafft. In vielen Vierteln ist es gut gelungen, in anderen weniger.

Das Thema Hundeerziehung ist ein sehr emotionales. Hier prallen viele Philosophien und vehemente Überzeugungen aufeinander und werden hitzig diskutiert. Hundeschulen und Hundetrainer lassen kaum ein gutes Wort am Mitbewerb. Warum?

Ein Hund ist ein so starkes Alter Ego oder eine Verlängerung des eigenen Egos, dass der Mensch hier oft empfindlicher reagiert als bei Kindern. Kinder anderer Leute zu kritisieren, geht zur Not noch an. Kritisiert man den Hund eines anderen, ist man für immer der Böse. Wobei sich die Methoden gar nicht mehr so gravierend unterscheiden. Es gibt zwar immer noch die alten Drill-Ansätze auf den Hundeplätzen, aber man hat doch kapiert, dass man eine gute Beziehung zu Hunden und Wölfen damit aufbaut, dass man etwas tut mit ihnen. Und zwar etwas Nettes – statt sie ständig am Nacken zu schütteln und Pfui und Nein zu schreien. Man muss einen Hund nicht dominieren, man muss ihm nur gelegentlich sagen: Pass auf, das geht so nicht. Im Wesentlichen kann man das auf positive Interaktionen beschränken. Es führen bei der Hundeerziehung viele Wege nach Rom. Ich wehre mich nur gegen Gewalt. Nach dem was wir über Beziehung und Hunde wissen, ist das absolut nicht notwendig.

Was ist dran an dem alten Spruch: Wie das Herrl, so das G'scherl?

Da ist viel dran. Man sagt, dass Hund und Besitzer einander mit der Zeit ähnlicher werden. Ich glaube, die Leute suchen sich schon Hunde aus, die zu ihrem Aussehen passen. Und wie sich ein Hund nach außen gibt, ist zu einem Großteil durch die Interaktion zu einem Menschen bestimmt. Dieser Einfluss ist unser eigentliches Forschungsgebiet. Natürlich gibt es rassespezifische Unterschiede. Aber wir beobachten: Hektische Leute haben hektische Hunde, ruhige Leute haben ruhige Hunde. Wenn ich ein Mensch-Hund-Duo drei Minuten lang interagieren und spazieren gehen sehe, weiß ich viel über den Menschen. Unsichere Besitzer übertragen sehr viel auf ihre Hunde, die haben häufig diese ängstlichen Keifer. Bis zu einem gewissen Grad ändert sich auch der Mensch durch den Hund. Es kommt halt darauf an, wie empathisch das Tier und wie empfänglich der Mensch ist. Ein feinfühliger Mensch wird durch die Stimmungslagen seines Hundes stark beeinflusst. Wir sind ja in der zwischenmenschlichen Kommunikation auf Stimmungsübertragung programmiert, und zwischenartlich funktioniert das genau so. Aufeinander eingehen zu können, ist der Kern einer sozialen Beziehung.

Kurt Kotrschal ist Verhaltensbiologe an der Universität Wien und leitet sowohl die Konrad-Lorenz-Forschungsstelle in Grünau als auch das Wolfsforschungszentrum in Ernstbrunn. Sein Forschungsschwerpunkt ist das Verhalten von Hunden und Wölfen.

Und jetzt sind wir fix zusammen

Worauf man bei der Wahl eines Hundes achten muss

Gleich und gleich gesellt sich gern, auch wenn der eine Mensch ist und der andere ein Hund. Mitunter schauen die zwei einander recht ähnlich. Manche von Anfang an, manche erst mit der Zeit. Aber aufs Äußere kommt es gar nicht so an bei der Beziehung zwischen Zwei- und Vierbeinern, da sollten ganz andere Dinge stimmen.

Ein Sofaliebhaber wird mit einem ausgewiesenen Lauf-hund kein glückliches Dasein fristen und umgekehrt. Oft ist dem menschlichen Lümmler gar nicht bewusst, was er sich da auf die Couch holt. Hunde-schulbesitzer Leopold Dekrout kennt solche Beispiele zur Genüge. „Beim Autokauf interessieren sich viel mehr Leute für die Details als bei einem Hund. Diese Ent-

Verstand bewahren? Ist bei diesem Anblick wirklich schwer. Muss aber sein

scheidung wird auf einer Gefühlsebe-ne getroffen, aus dem Bauch heraus. Nicht einmal beim Handy kauft man so unbe-dacht. Ich glaube, bei einem Telefon wird weit mehr darüber nachgedacht, wie lange

es hält und wie hoch die Kosten für Ersatzteile sind. Das macht man beim Hund nicht. Ich würde mir das sehr wünschen."

Information ist alles

Zugegeben, es ist auf den ersten Blick nicht leicht, sich ordentlich zu informieren. In fast jeder Tageszeitung werden Welpen angeboten, im Internet sowieso. Und man fragt sich: Woran erkennt man, ob ein Züchter mit seinen Rassehunden oder ein Anbieter von Mischlingen seriös ist, oder ob es sich um organisierten Welpenschacher handelt? Leopold Dekrout warnt vor Gruppen, Tierschutzvereine natürlich ausgenommen, die pausenlos Hunde im Internet oder in der Zeitung inserieren. „Das sind wahrscheinlich organisierte Truppen im Gegensatz zu jemandem, der einen Hund aus einem Wurf anbietet, der ihm einfach passiert ist." Bei einem Züchter würde es ihn stutzig machen, wenn dort viele unterschiedliche Rassen herumlaufen.

Auch Preis und Papiere können Hinweise sein. Eva Weizdörfer, die sich der Zucht der belgischen Schäferhunde Groenendael verschrieben hat, rechnet vor: „Im Internet werden reinrassige Hunde um 700 Euro angeboten. Bei einem Züchter kostet der Hund im Durchschnitt 1.100 Euro, und das samt Untersuchungen, Papieren, ausführlicher Beratung et cetera. Die schenken die Hunde also auch nicht her." Gerade ein Groenendael ist ein Rassehund, den man nicht leichtfertig nehmen sollte. „Es ist ein eleganter Hund mit seinen langen Haaren, dass der aber viel Beschäftigung braucht, bedenken die wenigsten. Dreimal am Tag

Gassi gehen und dann am Sofa liegen, ist nichts für ihn. Man muss mit ihm wandern, joggen, Rad fahren, Frisbee schmeißen, egal was, Hauptsache Bewegung. Das gilt auch für so einige andere Hunderassen."

Man muss sich also genau überlegen, welche Vorstellung man von seinem künftigen Liebling hat. Soll er lieb und kuschelig sein, der beste Freund der Kinder werden, soll er der Sportkumpel sein oder sogar ein Arbeitskollege? Weiß man genau, was man will, liegen für Eva Weizdörfer die Vorteile von Rassehunden auf der Hand. „Da weiß man einfach, was man sich ins Haus holt." Ist man flexibel, kann man das Herz mitreden lassen. „Es gibt so viele Hunde im Tierschutzhaus, denen man helfen kann."

Gestatten: von und zu Hund

Über Rassehunde kann man sich gut informieren. Aussehen, Charaktereigenschaften, mögliche Krankheiten und die durchschnittliche Lebensdauer – alles Fragen, die beantwortet werden können. Leopold Dekrout ist ein Fan von möglichst vielen Gesprächen: „Wenn ich ganz am Anfang stehe und mir einen Hund überlege, ist für mich der Züchter nicht die richtige Anlaufstelle. Dass sie Rasseliebhaber sind, ist logisch. Ich denke, dass der Besitzer eines solchen Hundes die besseren Tipps gibt. Er hat Erfahrung, aber keine Verkaufsabsichten, er erzählt einfach von seinen Erlebnissen."

Hat man sich für eine Rasse entschieden, braucht man einen seriösen Züchter. Die Tipps von Expertin Eva Weizdörfer: „Man soll sich die Hunde vor Ort anschauen, insbesondere die Hundemutter. Wie die Hunde auf Besucher reagieren, finde ich wahnsinnig wichtig. Und die Leute müssen sich für die Hunde interessieren, egal zu welchem Zeitpunkt. Wenn ich mich bei einem Züchter informieren will und er sagt, er habe jetzt keine Welpen, man brauche gar nicht vorbeizukommen, sagt das viel über den Züchter aus. Ich sage immer, schaut vorbei, lernen wir uns kennen."

Kontakt aufzunehmen, bevor man einen Hund haben will und nicht erst, wenn er schon da ist, hat vor allem einen Vorteil: Man kann noch klar denken. „Sitzt so ein Welpe einmal da und schaut einen lieb an, kommt mit Sicherheit der Satz: Der hat mich jetzt ausgesucht. Das ist doch ein Blödsinn", sagt Weizdörfer. „Wenn ich als Züchter unfair sein will, kann ich das sogar steuern. Nehmen wir an, ich weiß, es kommt jemand, der ein Alpha-Männchen sucht, das sind meistens die Männer, die einen dominanten Rüden haben wollen. Dann könnte man vorher alle Welpen füttern, nur den einen nicht. Der Hund ist dann aufgekratzt, während alle anderen gemütlich sind, und der Besucher ist sicher, das ist mein Alpha-Hund. Das erzähle ich übrigens auch all meinen Interessenten."

Kinder der Liebe

Wer einen Mischling haben will, kann sich an ähnliche Regeln halten. „Grundsätzlich lassen sich sowohl Rasse- als auch Misch-

Herz verschenken an Hund, das geht ganz schnell

lingshunde anhand der eingekreuzten Rassen gut in Bedürfniskategorien einteilen", erklärt die Kynologin und Hundetrainerin Yvonne Adler. Allerdings gibt es Hunde, bei denen man so gar nicht erraten kann, welche Rassen in ihm stecken könnten. Ein guter Anhaltspunkt, wie groß der Kleine einmal werden könnte, sind die Pfoten. Sind sie überdimensional groß, kann man schon einmal davon ausgehen, dass der Welpe sich beim Wachsen enorm anstrengen wird. Ob der

Riese dann gerne auf dem Sofa liegt oder den ganzen Tag seine Runden ziehen und Kilometer abspulen will, ist damit aber noch lange nicht gesagt.

Wer offen ist und einfach nur einen vierbeinigen Freund haben will, wird mit einem Mischling aus dem Tierheim ein glückliches Leben führen. Und zwar auch dann, wenn der vielleicht schon ein bisschen älter ist. Unter künftigen Hundebesitzern ist die Ansicht sehr verbreitet, dass Hunde, die im Tierheim sitzen, Probleme haben. Hundetrainerin Cornelia Griehsler teilt sie nicht: „Wenn man annimmt, dass Tierheimhunde problematisch sind, müsste das auch für Tiere gelten, die man aus dem Ausland mitnimmt, oder für einen Hund, der im Internet angeboten wird. Bei keinem von ihnen weiß ich, ob er eine schlechte Vergangenheit gehabt hat." Und weder bei vierbeinigen Urlaubsmitbringseln noch bei Netzangeboten hat man die Beratung, die man im Tierheim sehr wohl von einem Menschen bekommen kann, der den Hund schon lange betreut und seine möglichen Macken kennt.

Egal, wie man es dreht. Unabhängig davon, welchen Hund man sich ins Haus holen will. Gleichgültig, ob Rasse, Mischling, Hund aus dem Ausland, von Privatpersonen oder aus dem Tierheim. Man muss wirklich bereit sein für ein Tier. Nur dann kann man auch alle möglichen Probleme lösen, rät Eva Weizdörfer. „Wenn ein Gast bei mir anfängt, den Gatsch wegzuwischen, weil der Welpe dreckige Pfoten hat, ist das bei mir schon ein Minus im Kopf." Denn gatschig werden sie alle, unter Garantie. Egal, ob Rasse- oder Mischlingshund.

Hundeschule Hundefragen

Leopold Dekrout
Breitenleer Str. – Anfahrt siehe Homepage
1220 Wien
Tel.: 0676-7212210
Mail: office@hundefragen.at
Web: www.hundefragen.at

Eva Weizdörfer

„Von der Simmeringer Haide"
Kaniakgasse 5
1110 Wien
Tel.: 0664-1237000
Mail: info@groenendael.at
Web: www.groenendael.at

Adler Dogs

Hunde(halter)schule & Hundetraining
Zufahrt Höhe Himberger Str. 78
2320 Schwechat
Tel.: 0664-3454602
Mail: office@adler-dogs.at
Web: www.adler-dogs.at

Hundetraining mit Herz

Cornelia Griehsler
Tel.: 0650-3614104
Mail: office@hundetrainingmitherz.at
Web: www.hundetrainingmitherz.at

Welche Fragen sollte man sich stellen, bevor man einen Hund nimmt??

Die Checkliste:

☑ **Habe ich genug Zeit für einen Hund? Auch mehrere Stunden am Tag?**

☑ **Sind alle in der Familie einverstanden?**

☑ **Gibt es andere Tiere im Haushalt? Wenn ja, wenn möglich vorher klären, ob sie sich vertragen. Mit einem seriösen Anbieter kann man das besprechen.**

☑ **Kann ich mir einen Hund überhaupt leisten? Tierarzt, Futter, Pflege?**

☑ **Wenn ich auf Urlaub fahren möchte: bin ich bereit, Geld für einen Hundesitter auszugeben?**

☑ **Hat jemand in der Familie eigentlich eine Hundehaarallergie?**

Wen will ich?

Wie findet man die Hunderasse, die zu einem passt

Hätten alle Schäferhunde des Landes den Ehrgeiz gehabt, die Hunderasse Nummer eins zu werden, hätten sie Rex, den Kommissar auf vier Pfoten, selber erfunden. Eine Filmfirma hat ihnen die Arbeit abgenommen und eine Wurstsemmel draufgelegt. Seither ist der Schäfer der Lieblingshund der Österreicher. Dass nicht alle Hunde dieser Rasse jedes Wort verstehen und reihenweise Ganoven fangen, tut dem Image offenbar keinen Abbruch.

Dicht auf den Fersen kleben dem Deutschen Schäferhund der Labrador Retriever, der Dachshund, der Border Collie und der Golden Retriever. Sie alle haben es Dank Filmen wie „Marley & Me" geschafft, dass auch Nicht-Hundehalter von ihrer Existenz wissen. Man könnte meinen, Disney habe die Hunderassen erfunden. Aber es war ein anderer. Aristoteles hat schon in der Antike Hunde nach ihren Eigenschaften klassifiziert und sieben Rassen beschrieben. Damit gab er Merkmale bzw. Standards vor, die als charakteristisch für die jeweilige Rasse definiert werden. Anders gesagt: Er legte fest, welche Ohrenform oder Nasenlänge ein Hund dieser Rasse haben soll. Diese Standards haben sich einige Male geändert, bis 1950 eine Einteilung in zehn Gruppen gefunden wurde, die bis heute gilt.

Bei uns kümmert sich der österreichische Kynologenverband, ÖKV, um die Einhaltung und Umsetzung der Standards. Seit seinem Gründungsjahr 1909 ist das Ziel eindeutig: gesunde und schöne Hunde von seriösen Züchtern. Das bedeutet für die Züchter vor allem, dem Interessenten mit auf dem Weg zu geben, dass nicht alle Collies Lassies sind, und nicht alle Border Collies erstaunliche Kunststücke können, also keine unrealistischen Erwartungen anstellen. „Man kann einen Hund nicht aus dem Katalog auswählen", sagt Katja Wolf, Pressesprecherin des ÖKV. „Die Leute sollten sich im Vorfeld jedoch keinesfalls falsche Illusionen machen. Man sollte die Auswahl eines Hundes sehenden Auges treffen. Der Hund wird unglücklich, wenn man ihn nicht artgerecht behandelt – und der Besitzer gleich mit ihm." Die Rasse zu finden, die zu einem passt, gelingt am besten, indem man sich, zum Beispiel beim ÖKV oder den angeschlossenen Hundevereinen beraten lässt. Wolf: „Auch Hundeausstellungen, die ganzjährig österreichweit stattfinden sind eine gute Gelegenheit, direkt mit Züchtern in Kontakt zu treten und Hunde vor Ort live in allen Größen, jedem Alter und sämtlichen Entwicklungsstadien zu sehen. Dazu gibt es jede Menge Fachliteratur zum Thema."

Es ist durchaus möglich, einen seriösen Züchter zu erkennen: „Er züchtet nur eine oder maximal eine sehr kleine und über-

Groenendael Rasselbande

legte Anzahl von Hunderassen, lädt zum Beratungsgespräch, achtet auf ein freundliches kompetentes Gesprächsklima, hält seine Zuchtstätte sauber, hat weder etwas dagegen, dass seine Zuchthündinnen besichtig werden, noch dass man die Welpen und Wurfgeschwister besucht. Natürlich in Abstimmung mit dem Züchter." Umgekehrt findet es Katja Wolf wichtig, dass auch der Züchter Fragen stellt, und zwar auch die etwas intimeren. Wo und wie wohnen Sie? Leben Sie allein? Schaffen Sie es zeitlich, sich um den Hund zu kümmern? Wenn Sie ins Krankenhaus müssen, wer passt auf? Haben Sie Kinder? Das zeigt, dass der Züchter es ernst meint mit seinen Welpen.

Als verantwortungsvoll outet sich ein Züchter auch, der Welpen, sollte es mit dem neu-en Besitzer nicht funktionieren, zurücknimmt. „Züchten bedeutet Arbeiten mit dem Leben", sagt Wolf. „Es sind keine Gegenstände, es sind kleine Lebewesen, die an einen Menschen übergeben werden. Der Wert des Züchters ist die Liebhaberei. Glauben Sie mir, wer wegen des Geldes züchten will, ist schlecht beraten. Das ist kein Geschäft, sondern ein wunderschönes Hobby." Was das durchschnittliche Rechenbeispiel des ÖKV beweist. Die Kostenkalkulation ergibt, dass die Milchmädchen-Rechnung sechs Welpen à 1.200 Euro nicht aufgeht. Der Züchter verdient nicht die angenommenen 7.200 Euro bei diesem Wurf. Davon muss er Futter und Tierarzt bezahlen. Weiters trägt er Kosten für Ausstellungen, die Abnützung der Ausstattung. Dazu kommt noch die Tatsache, dass es nicht immer möglich ist, für alle Welpen einen guten Platz zu finden

che Erbkrankheiten untersucht, die rasseabhängig sind. So sind Krankheiten schon frühzeitig erkennbar und können behandelt bzw. verhindert werden werden. Ziel ist es, dass sich der Hund durch Gesundheit, Wesensfestigkeit und Schönheit auszeichnet. Nicht jeder Hund, entspricht er auch dem jeweiligen Rassestandard, hat die Voraussetzung, Ausstellungschampion oder Turniersieger zu werden. In diesem Fall wird der Züchter einen Besitzer wählen, der sich den Vierbeiner als Familienhund wünscht.

Der ÖKV positioniert sich als Partner in allen Hundefragen und setzt mit der ÖKV-Akademie auf Weiterbildung. Für Züchter, Richter, Trainer und für Hundehalter. Auf bundesweit 280 Hundeausbildungsplätzen kann man unterschiedliche Kurse besuchen, bei denen sich nicht nur Welpen, sondern auch Anwärter zum Begleit- oder Rettungshund tummeln. Vermutlich wird einem dort ein Schäferhund - oft auch mit dem Namen Rex - begegnen.

Es kommt ganz und gar nicht auf die Größe an, ob ein Vierbeiner seinen eigenen Kopf hat

und der betreffende Hund weiter versorgt werden muss. Im Schnitt gibt der Züchter etwa 1.060 Euro für jeden Welpen aus. Das heißt: Es bleiben 140 Euro pro Welpe als Gewinn übrig.

Ein Hund von einem Züchter, der zum ÖKV gehört, muss alle Untersuchungen durchlaufen, die für die jeweilige Rasse durch die Zucht und Eintragungsordnung festgelegt sind. Er wird auf mögliche Krankheiten seiner Rasse und mit einem Gentest auf mögli-

Denn für diese Ausbildung ist er ursprünglich gezüchtet worden, und sie bereitet ihm artgerechte Freude.

ÖKV- Österreichischer Kynologenverband

Siegfried-Marcus-Straße 7
2362 Biedermannsdorf
Tel.: 02236-710667
Mail: office@oekv.at
Web: www.oekv.at

Die zehn Gruppen:

Gruppe 1: Hütehunde und Treibhunde

Die Bekanntesten: Deutscher Schäferhund, Border Collie, Australian Shepherd

Gruppe 2: Pinscher, Schnauzer, Molossoide, Schweizer Sennenhund und andere

Die Bekanntesten: Dobermann, Deutscher Boxer, Deutsche Dogge, Rottweiler

Gruppe 3: Terrier

Die Bekanntesten: Yorkshire Terrier, Fox Terrier, Bull Terrier

Gruppe 4: Dachshunde

Die Bekanntesten: Rauhhaardackel

Gruppe 5: Spitze und Hunde vom Urtyp

Die Bekanntesten: Siberian Husky, Deutscher Spitz, Chow Chow

Gruppe 6: Laufhunde, Schweißhunde und verwandte Rassen

Die Bekanntesten: Beagle, Dalmatiner, Rhodesian Ridgeback

Gruppe 7: Vorstehhunde

Die Bekanntesten: Deutscher Vorstehhund, Irish Setter

Gruppe 8: Apportierhunde, Stöber- und Wasserhunde

Die Bekanntesten: Golden Retriever, Labrador Retriever, American Cocker Spaniel

Gruppe 9: Gesellschafts- und Begleithunde

Die Bekanntesten: Pudel, Chihuahua, Mops

Gruppe 10: Windhunde

Die Bekanntesten: Afghanischer Windhund, Irish Wolfhound

Der Beliebteste unter den Hunderassen, der deutsche Schäferhund

Gemeinsam allein

Auch das ist Tierschutz

Engagierte Tierschützerin: Vereinspräsidentin Madeleine Petrovic

Das Wiener Tierschutzhaus ist das zweitgrößte in Europa. Und groß sind auch die Probleme in dem Haus an der Stadtgrenze Wiens. Das 1998 in Betrieb genommene Gebäude ist in einem desolaten Zustand, aus dem Boden der ehemaligen Industrieanlage quillt Teer. Bei der Planung der Anlage sind viele Fehler passiert, die täglich die Arbeit erschweren. Die Gänge haben Stufen, Futter und anderes Material kann man also nicht rollend transportieren, es muss getragen werden. Und auch bei den Quarantänestationen besteht Verbesserungsbedarf. Die Suche nach einem neuen Grundstück läuft, gestaltet sich aber als schwierig. Die Anlage entspricht auch nicht mehr dem Tierschutzgesetz. Hunde, die länger als ein Jahr im Tierheim bleiben, müssten eigentlich 15 Quadratmeter Platz haben. Kompensiert wird der Platzmangel durch mehr als 140 freiwillige Paten der Tiere, die sich regelmäßig um sie kümmern und für Bewegung außerhalb der Anlage sorgen.

Der Wiener Tierschutzverein wurde von der Stadt Wien mit der Versorgung von gefundenen, beschlagnahmten oder herrenlosen Tieren beauftragt. Das Haus beherbergt vom Lama bis zum Kampffisch die unterschiedlichsten Arten. Der Großteil der Bewohner sind aber Hunde und Katzen. Insgesamt werden hier etwa 1.500 Tiere versorgt. Und die Kosten steigen. Die Verweildauer der Tiere ist länger geworden.

Den Grund dafür sieht die Präsidentin des Tierschutzvereins, Madeleine Petrovic, unter anderem in den Auswirkungen des Hundeführscheins. Listenhunde werden nur an erfahrene Hundehalter abgegeben,

Stufen in den Gängen erschweren die Arbeit der Tierpfleger

100 Mitarbeiter kümmern sich im Tierschutzverein um die herrenlosen Wesen. 60 davon sind Tierpfleger mit unterschiedlichen Spezialisierungen, dazu kommen Hausarbeiter, Tierärzte, Assistenten und Verwaltungsmitarbeiter. Sie alle bringen ein unheimliches persönliches Engagement im Umgang mit ihren Schützlingen ein. Tiere, die mit der Heimsituation gar nicht zurecht kommen, dürfen ihre Zeit deshalb auch einmal in Büroräumen oder den Privatwohnungen der Mitarbeiter verbringen.

Interessenten werden genau unter die Lupe genommen. „Natürlich ist es möglich, einen achtjährigen Rottweiler, der vielleicht sogar Verhaltensauffälligkeiten zeigt, zu vermitteln. Aber das braucht erheblich länger als bei einem jungen, putzigen Chihuahua."

Problematisch ist auch die Vergabe von Exoten wie Papageien oder geschützten Landschildkröten. Hier arbeitet das Tierschutzhaus mit spezialisierten Einrichtungen zusammen. Vermehrt gibt es auch Fälle von Animal Hording. Da kann es beispielsweise passieren, dass gleichzeitig 60 Vogelspinnen aus einer Wohnung ins Tierschutzhaus gebracht werden, was die Mitarbeiter vor eine logistische Herausforderung stellt. Der Verein ist auf Spenden und freiwillige Helfer angewiesen, um den Betrieb zu finanzieren, der jährlich rund fünf Millionen Euro verschlingt.

Wiener Tierschutzhaus

Triesterstraße 8
2331 Vösendorf
Tel.: 01-6992450-0
Mail: office@wr-tierschutzverein.org
Web: www.wr-tierschutzverein.org

Spendenkonto:
Wiener Tierschutzverein
IBAN: AT19 6000 0000 0171 7000
BIC: OPSKATWW

Tierrettung des Wiener Tierschutzvereins
Notdienst von 0 Uhr bis 24 Uhr
Tel.: 01-6992480

Jobs für Tierheimhunde

In Zusammenarbeit mit dem Verein „Tiere als Therapie" läuft seit dem Herbst 2013 ein neues Ausbildungsprojekt für zehn Langzeitinsassen des Tierschutzhauses. Sie werden zu Therapiebegleithunden ausgebildet. Die ausgewählten Vierbeiner werden zwei Jahre lang in regelmäßigen Abständen gemeinsam mit ihren Paten als Team geschult. www.tierealstherapie.org

Herrenlos und doch nicht frei

Tierquartier: ein neues Zuhause für herrenlose Tiere

Es werden nur Hunde mit einem einzigen Merkmal hier wohnen. Von außen sieht man ihnen das Gemeinsame nicht an, weil jeder anders ausschaut, aber ohne dieses Merkmal darf man hier nicht herein: Sie haben allesamt kein Zuhause, und sie gehören zu niemandem. Auch in Wien werden jedes Jahr Tiere ausgesetzt oder schwer misshandelt. Deshalb plant die Stadt Wien eine weitere Auffangstelle für herrenlose Tiere – das „TierQuarTier". Man versteht sich als Verstärkung für den Wiener Tierschutzverein in Vösendorf.

Im Moment kann man sich nur mit Bauplänen ein Bild vom neuen „TierQuarTier" machen. Aber schon die zeigen anschaulich, was im Jahr 2015 in Wien-Donaustadt entstehen soll. Die Stadt Wien baut gemeinsam mit der Tierschutzstiftung ein Tierschutzkompetenzzentrum. Auf 9.700 Quadratmetern werden 150 Hunde, knapp 300 Katzen und Hunderte Kleintiere einen hoffentlich nur vorübergehenden Platz finden. Bei der Vermittlung der Tiere will man einen neuen Weg gehen. Besucher gehen hier nicht durch die Gänge und beäugen die Tiere im Zwinger. Sie bekommen Bilder zu sehen. Erst wenn sich ein Wunschtier findet,

Die Spendenurkunde gibt's für alle, die einen Baustein spenden

kann man es in einem Besucherraum kennenlernen. So werden die anderen Tiere nicht gestört oder gestresst.

Ort der Begegnung

Wenn es nach der Stadt Wien geht, soll das „TierQuarTier" ein Ausflugsziel werden. Zu-

Mehr als 150 herrenlose Hunde finden hier ab 2015 einen Platz

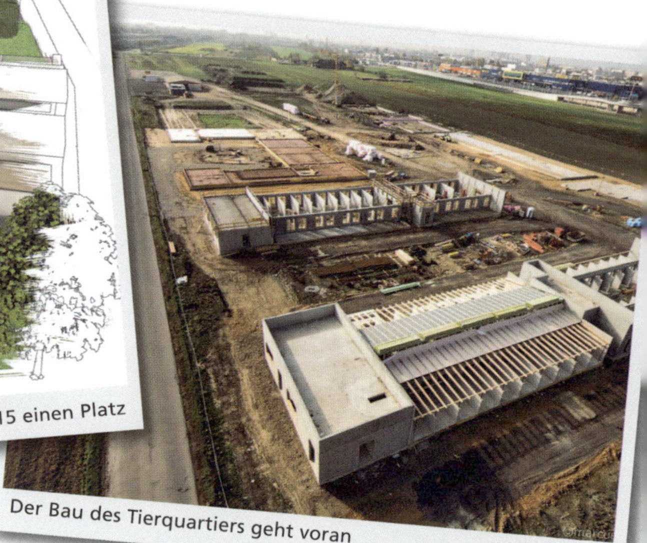

Der Bau des Tierquartiers geht voran

mindest wird alles in diese Richtung geplant. Spaziermöglichkeiten, Besucherräume und Spielplätze sollen das Interesse der Bevölkerung wecken. Auf die man überhaupt große Hoffnungen setzt. Tierliebhaber können mit einer Patenschaft die Betreuung für einen Hund, eine Katze oder ein Kleintier übernehmen. Eine wertvolle Hilfe für das Wiener „TierQuarTier", eine gute Gelegenheit für alle, die keine Zeit für ein Haustier haben. Wer jetzt schon helfen will, kann mit einer Spende um zehn Euro einen symbolischen Baustein kaufen. Als Dankeschön ist man auf der Besucherwand verewigt. Selbstverständlich kann man diese Bausteine auch einem besonderen Menschen oder einem Haustier widmen.

Tierquartier Wien – Tierschutzstiftung

Büro:
Beatrixgasse 32
1030 Wien
Anlage:
Breitenleerstraße
1220 Wien
Tel.: 01-71605800
Mail: info@tierquartier.at
Web: www.tierquartier.at

Spendenkonto:
Tierschutzstiftung
IBAN: AT42 1400 0072 1003 9672
BIC: BAWAATWW

Illegale Einwanderer

Die Machenschaften der Welpenmafia

Klingt nach einem der schönsten Berufe. Welpenhändler. Ist eines der hässlichsten Geschäfte. Der Handel mit Hundebabys. Wien ist die Drehscheibe für gut organisierte Netzwerke dieses illegalen Gewerbes. Hier landen kleine Hunde, die vor allem in der Slowakei und in Ungarn unter schrecklichen Zuchtbedingungen und katastrophalen hygienischen Zuständen wie Massenware produziert werden. Das Angebot wird von der Nachfrage geregelt. Ist eine bestimmte Rasse gerade in Mode, wird sofort das Fließband angeworfen.

Das Geschäft läuft gut. Vermeintliche Rassehunde werden viel billiger angeboten, als man beim seriösen Züchter dafür bezahlen würde. Die Hündchen werden gern im Internet inseriert. Die Übergabe der Welpen an den Käufer findet an öffentlichen Orten wie Parkplätzen statt, aber auch Hauszustellungen sind üblich. Genauso wie gefälschte Impfpässe. Fällt unter Service am Kunden.

Viele Welpen sterben nach wenigen Wochen oder überleben schon den Transport nicht. Durch fehlende Grenzkontrollen haben die Händler ein leichtes Spiel. Erwischt werden sie

Kampf gegen die Welpenmafia: Die engagierten Tierschützerinnen Indra Kley und Irina Fronescu mit Bürohund „Obama"

selten, Verhaftungen sind Einzelfälle bei Stichproben. Und wird doch einmal ein Welpentransport beschlagnahmt, kommen einem erst recht die Tränen, wie Madeleine Petrovic, Präsidentin des Wiener Tierschutzhauses weiß: „Wir hatten schon Lieferungen mit Doggen, Bernhardinern, Chihuahuas, Maltesern und Möpsen. Manche sind zehn oder zwölf Wochen alt, manche erst vier. Und in den mitgeführten Impfpässen ist ein einheitliches Geburtsdatum durchgestempelt."

Arme Kreaturen: Unter katastrophalen hygienischen Bedingungen werden in Ungarn und der Slowakei Hundewelpen für den österreichischen Markt produziert

Indra Kley und Irina Fronescu von der Tierschutzorganisation „Vier Pfoten" haben laufend Kontakt zu geschädigten Käufern, gehen Hinweisen auf unseriöse Inserate nach und tauschen sich mit den Betreibern der Internetplattformen aus, die von den Händlern genutzt werden, um die Welpen anzubieten. Sie geben sich aber auch als interessierte Käufer aus, um die Händler zu überführen und haben dabei auch immer wieder Erfolg. Immerhin kennen sie die Tricks der gut organisierten Mafia: „Da wird mit falschen Bildern inseriert, die nichts mit dem angebotenen Hund zu tun haben. Aber es ist sehr schwierig herauszufinden, wer hinter den Anzeigen steckt. E-Mailadressen und Handynummern werden regelmäßig gewechselt."

Ein Grenzübertritt innerhalb der EU ist für einen Hund nur mit einer gültigen Tollwutimpfung erlaubt. Diese Impfung ist aber erst ab einem Alter von acht Wochen möglich. Die meisten Tiere, die von der Welpenmafia nach Österreich geschmuggelt werden, sind viel jünger, als in den Impfpässen angegeben ist. Meistens sind sie krank, haben Parasiten, Durchfall, Würmer und Milbenbefall. Wiener Tierärzte sehen im Zusammenhang mit Hunden aus dem Ausland viel Tierleid, und den Menschen geht es nicht anders. Frischgebackene Hundebesitzer sind verzweifelt, wenn das neue Familienmitglied nach wenigen Tagen zu schwächeln beginnt und sichtlich schwere gesundheitliche Probleme bekommt. Dass die Tiere bei der Übergabe oft sehr fit wirken, liegt an Aufputschmitteln, die ihnen von den Händlern kurz vorher verabreicht werden. Wenig später folgt dann der Zusammenbruch.

Die Welpen werden meist aus Kofferräumen verkauft. Viele überleben schon den Transport ins Bestimmungsland nicht

Weil die Welpen den Müttern viel zu früh abgenommen werden, fehlt ihnen die Sozialisierung, die gerade in dieser prägenden Phase enorm wichtig wäre. Die Folge sind schwere Verhaltensstörungen und eine lebenslange Traumatisierung. Viele entsprechen in ihrem Wesen auch nicht der Rasse, der sie laut Verkäufer angehören sollen.

Rechnet man sich aus, was im Laufe eines Hundelebens an Kosten auf einen zukommt, sollte einem bewusst werden, dass ein paar Hundert Euro Preisunterschied bei der Anschaffung eines Rassehundes in keinem Verhältnis zu den Folgen steht, die durch einen Kauf bei unseriösen Händlern entstehen können. Außerdem unterstützt man das grausame System der illegalen Welpenzucht, wenn man einen Hund von Organisationen übernimmt, die als Tierschutzverein getarnt sind. Das schmutzige Geschäft der Händlernetzwerke ist kaum durchschaubar. Wer Hunden aus dem Osten helfen möchte, unterstützt am besten Tierschutzeinrichtungen vor Ort mit Futter- oder Geldspenden.

Beim Anblick eines herzigen Hundewelpen entsteht bei tierlieben Menschen oft ein Helfersyndrom. Man will so ein armes Tierchen retten, fördert aber das System der Tierquälerei. Die einzige Chance, das Problem in den Griff zu bekommen, wäre eine sinkende Nachfrage nach Billigwelpen. Aber dazu braucht es noch viel Aufklärung.

Auf der Internetseite www.stopptdiewelpendealer.org findet man eine Checkliste mit Punkten, auf die man beim Welpenkauf achten sollte. Hier kann man aber auch Fälle von unseriösen Händlern melden.

Urlaubssouvenir Hund

Hunde sind kein gutes Urlaubssouvenir

In vielen Urlaubsländern gibt es streunende Tiere, die das Herz jedes Tierliebhabers erweichen. Der Versuch, die armen und oft kranken Tiere zu retten und sie mit nach Hause zu nehmen, endet häufig in großen Problemen. Durch importierte Tiere tauchen in Österreich immer öfter Krankheiten auf, die hierzulande so gut wie nicht mehr vorkommen: Staupe, Zwingerhusten, Parvovirose, Leishmaniose und auch Fälle der immer tödlich endenden Tollwut treten durch importierte Tiere in Österreich vermehrt auf. Diese Krankheiten können auf andere Hunde übertragbar sein und schlimmstenfalls auch Menschen betreffen. Der beste Weg, um den Tieren am Urlaubsort zu helfen, ist lokale Tierschutzorganisationen und Tierheime zu unterstützen.

Wie tickt Bello?

Das kognitive und emotionale Verhalten unserer Hunde

Der Mischlingsrüde Michel klebt mit der Nase am Bildschirm. Seine Aufgabe: Er muss das richtige Foto auswählen. Für Michel ist der Test im Clever Dog Lab am Messerli Forschungsinstitut schon Routine, und doch noch aufregend, immerhin wartet bei der richtigen Antwort ein Leckerli. Nur, wie kommt Michel auf die richtige Antwort? Wählt er wie wir Menschen durch logisches Ausschließen das richtige Bild? Der Test ergibt: Hunde lernen tatsächlich nach dem Ausschlussprinzip.

Welche Übung kommt jetzt dran?

Es sind nicht nur die kognitiven Fähigkeiten, die im Clever Dog Lab erforscht werden. Man geht auch der Frage nach, wie der Hund emotional handelt. Fällt ihm auf, wenn er ungerecht behandelt wird? Auch die Menschen im Clever Dog Lab finden ihre Antworten. Diese hier ist ein Ja. Ein Hund reagiert darauf, wenn ein anderer bei gleicher Aufgabe, zum Beispiel Pfote-geben, mit Futter belohnt wird, während er leer ausgeht. Die Verhaltenstests werden aus mehreren Blickwinkeln mit Videokameras aufgenommen. Spezielle Programme dokumentieren Herzschlag und Stresshormone, es wird auch mit Speichelproben gearbeitet. Die Verhaltensweisen werden also objektiv gemessen.

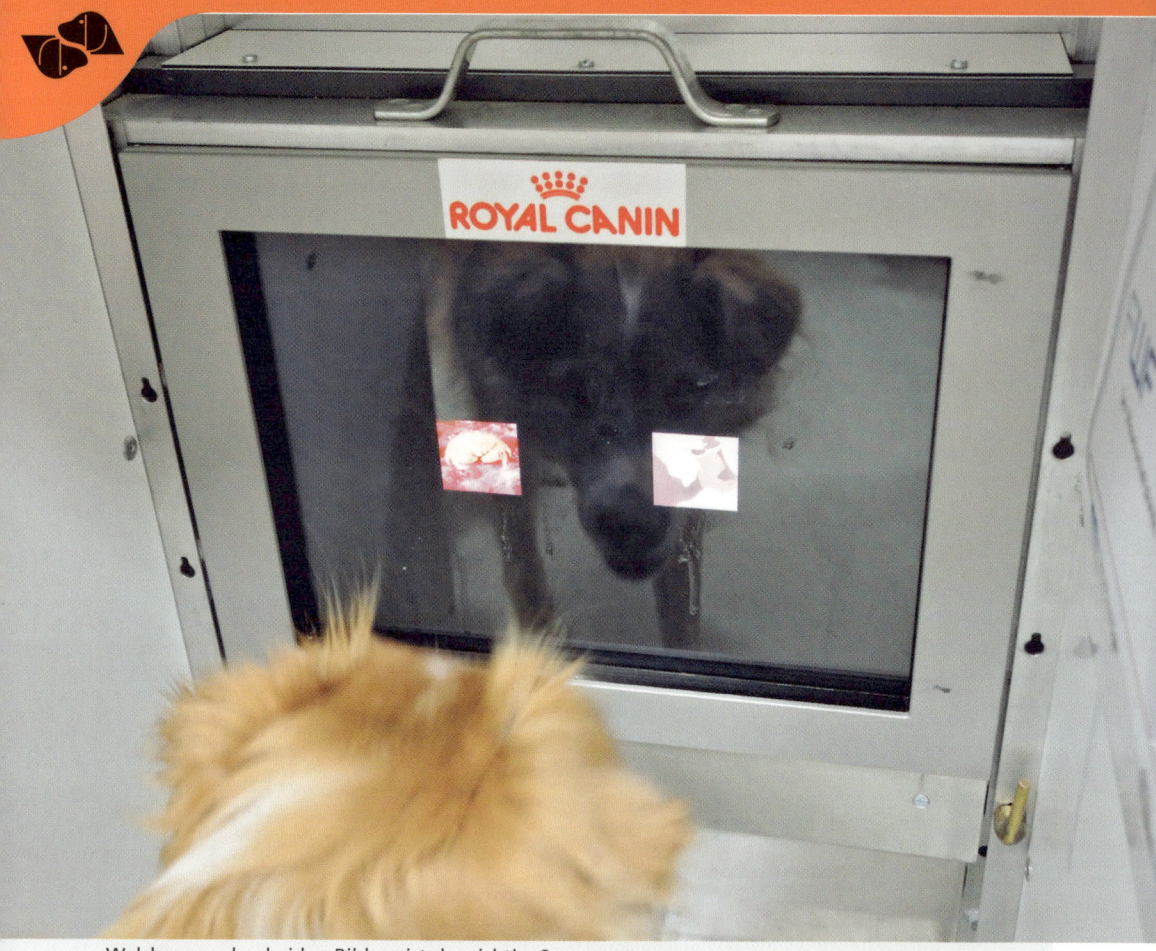

Welches von den beiden Bildern ist das richtige?

Auch wenn das alles sehr nach Labortechnik klingt: Laborhunde gibt es hier definitiv keine. Jeder Hundebesitzer meldet sich und seinen besten Freund freiwillig an. Tausend Namen stehen schon in der Datenbank, und es werden immer neue Studienteilnehmer gesucht. Die Tests dauern dreißig Minuten bis eine Stunde, Besitzer dürfen ihre Hunde begleiten. Was herauskommt, schmeckt beiden: Der Hund hat etwas gelernt und darf seine Belohnung gleich fressen; der Mensch hat etwas über seinen Hund gelernt und darf das Wissen am Hundestammtisch durchkauen.

Clever Dog Lab

Messerli Forschungsinstitut
Veterinärmedizinische Universität Wien
Veterinärplatz 1
1210 Wien
Web: www.vetmeduni.ac.at/messerli/
forschung/forschung-kognition/clever-dog-lab
Web: www.cleverdoglab.at

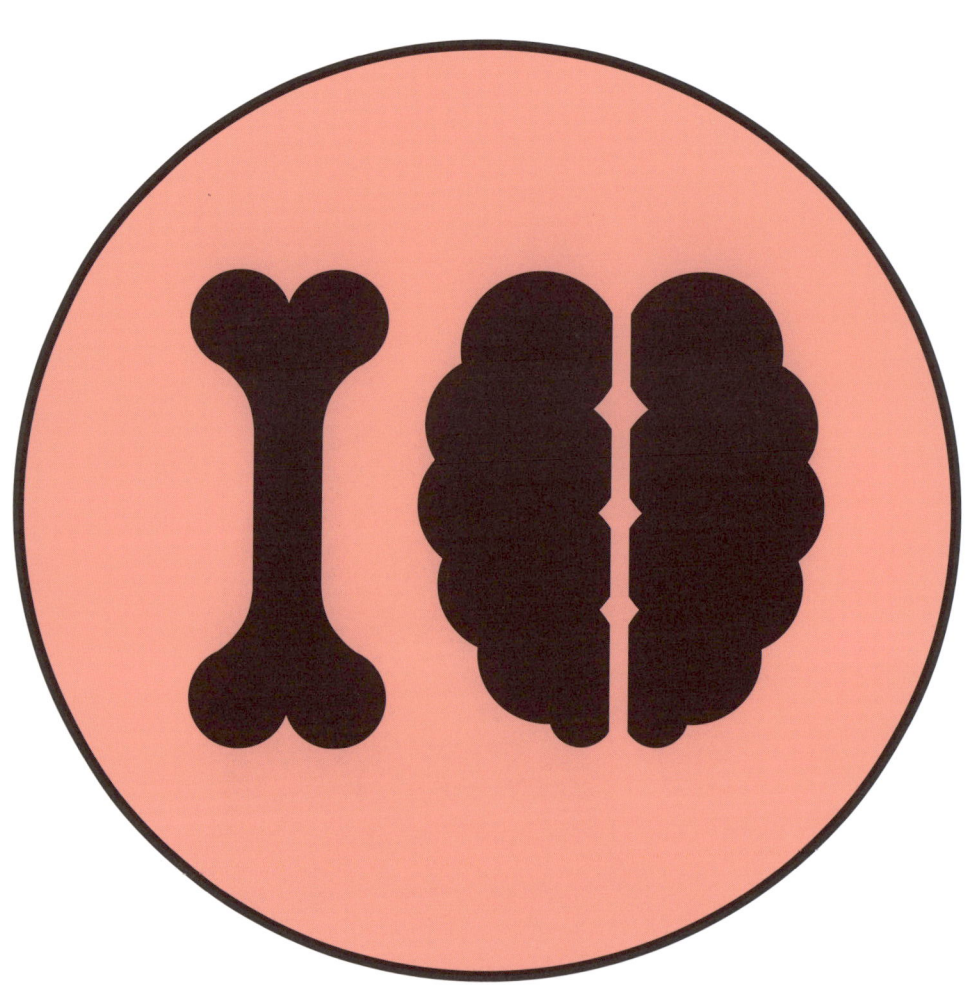

Futter & Philosophie

Der Hund ist, was er isst. Da ist er nicht anders als ein Mensch. Allerdings kann er sein Lieblingsgericht nicht selbst aussuchen, das müssen wir für ihn machen. Der Hund ist also, was der Mensch ihm zu essen gibt. Das bedeutet Verantwortung, und die ist so groß wie die Auswahl. Trockenfutter, Nassfutter, Rohfutter, Bio-Futter oder selbst Gekochtes? Die Speisekarte ist lang, und die Entscheidung ist nicht nur eine Geschmacksfrage. Für viele hängt die Fütterung ihres Hundes ganz eng mit der eigenen Lebensphilosophie zusammen. Wir haben einen Hundefeinkostladen für Fleischliebhaber besucht und mit einer Veganerin gesprochen. Ein Überblick vom BARFen bis zum Leckerli.

Schüssel-Erlebnisse

Die schwierige Ernährungsfrage

Übermütig saust er in die Küche und steigt in seine Schüssel, dass sie scheppert. Das heißt: Hunger. Fröhlich steckt er den Kopf in das Regal, in dem sein Futter aufbewahrt wird. Das heißt: Mal schauen, was es gibt. Unschlüssig schnuppert er das Angebot ab. Das heißt: Mal überlegen, wonach mir heute ist. Vorsichtig nimmt er etwas heraus und legt es einem vor die Füße. Das heißt: Heute will ich … Wenn es nur so einfach wäre.

Es ist nicht der Hund, der sagt, was er fressen will. Die Art des Futters hängt mit der Lebenseinstellung zusammen, mit der des Besitzers. Entweder bedient man sich am Fertighundefutter, von dem die Tierhandlungen, Supermärkte und Drogerien voll sind. Oder man kocht für den vierbeinigen Liebling, entscheidet sich für BARFen oder schwört auf vegane Kost. Dahinter steht ein gemeinsamer Wunsch: Den Hund nicht nur satt zu machen, wie man es früher getan hat, sondern ihn so gut zu füttern wie möglich. Tierarzt Martin Werther weiß, woher diese Sorgfalt kommt: „Der Wandel geht einher mit dem

Welches Futter soll man Bello bloß servieren?

neuen Bewusstsein für die eigene Ernährung und ist nur logisch. Wer Tiefkühlpizza isst, wird dem Hund kein Biofleisch geben." Prinzipiell sei die Entwicklung also positiv zu sehen. „Kocht man selbst, hat man die Verantwortung, sich mit den Ernährungsbedürfnissen des Hundes und mit den hygienischen Grundkenntnissen, etwa Krankheitserregern im rohen Fleisch, zu beschäftigen. Alternativ kann man auch auf biologische Halbfertigprodukte zurückgreifen." Sicher kann man vieles. Nur: Was davon ist gescheit?

Fix und fertig

Für alle, die keine Wissenschaft im Fressnapf sehen wollen, ist das Fertigfutter im Supermarkt durchaus eine Möglichkeit, meint die Tierärztin Johanna Oberthaler: „Man kann es bedenkenlos füttern. Außer bei gewissen Billigfutterfirmen, bei denen es wenig Forschung gibt, sind die Überprüfungen der handelsüblichen Marken und Sorten sehr verlässlich. Bei Tierarztfutter hat man die größte Sicherheit. Trotzdem kann man nicht darauf vertrauen, dass jeder Hund jedes Futter verträgt." Dafür ist die Zusammensetzung der Produkte zu unterschiedlich, manche Futtermittel enthalten mehr Zusatzstoffe und Chemikalien. Wenn es Reaktionen gibt, muss man durchprobieren oder mit dem Tierarzt reden. Und bekommt vermutlich diese Auskunft: Hundebesitzer, die Probleme mit Zusatzstoffen und Chemikalien haben, werden mit Fertigfutter nicht glücklich.

Ein Frauerl namens Minsi ist eine davon, ihre Hündin Samy bekommt kein Fertigfutter mehr. „Ich bin darüber aufgeklärt worden, was da drinnen ist: Alles, was gut für den Hund sein soll, also Vitamine oder Mineralien, ist chemisch zugesetzt." Die Hündin hat vorher Trockenfutter und, damit die Verdauung das besser schafft, hochwertige Fleischdosen zu fressen gekriegt. Seit zwei Jahren füttert Minsi Rohfleisch gemischt mit Flocken und Gemüse und kocht immer wieder selbst für Samy. „Der Zeitaufwand beschränkt sich zweimal am Tag auf ein paar Minuten", sagt sie, „und es ist schön zu sehen, wie gut es Samy damit geht." Die Umstellung hat allerdings ein bisschen gedauert.

Darauf müssen sich auch alle einstellen, die sich für BARFen entscheiden, weil sie biologisch artgerecht, also roh, füttern wollen. Tierärztin Oberthaler hält viel von dieser Art der Ernährung, es müsse nur wirklich genau gemacht werden: „Entweder lässt man sich einen Ernährungsplan ausrechnen, oder man holt sich das Wissen aus Büchern. In jedem Fall sollte man auf regelmäßige Bluttests achten. Bei einem Jungtier bis zu einem Jahr ist BARFen nicht ratsam, es ist schwierig, die richtige Zusammensetzung für einen Hund im Wachstum zu finden."

Tierisch ungesund?

Gut auskennen muss man sich auch, wenn man seinen Hund zum Vegetarier oder Veganer machen will. Minderheit ist das keine mehr, immer mehr Menschen verzichten auf Fleisch und Fisch oder komplett auf tierische Produkte, auch für ihre Hunde. Tierärzte wie Johanna Oberthaler sind damit nicht ganz glücklich: „Es ist möglich, einen Hund vegan zu füttern, ohne dass es zu Mangelerscheinungen kommt. Trotzdem ist es nicht artgerecht und sollte aus tierärztlicher Sicht vermieden werden. Tut man es doch, muss man penibel vorgehen, ohne Zusätze geht das auf Dauer jedenfalls nicht."

Egal, ob man vegan, vegetarisch, rohes Fleisch oder Selbstgekochtes füttert, Wis-

Hundeschokolade, Kauschuh und Knochen. Oft kein schöner Anblick würde der Mensch sagen. Der Hund bellt: her damit

sen und Verantwortung sind die wichtigsten Zutaten. Dann ist man durchaus auf einem guten Weg, Zivilisationskrankheiten wie Diabetes, Allergien und Verdauungsproblemen ein Schnippchen zu schlagen. Nur eins sollte man laut Tierärztin Oberthaler auf keinen Fall: alles quer probieren, weil ein Hund viele unterschiedliche Mahlzeiten bekommen soll, damit es ihm nicht langweilig wird. Die Tendenz geht in die Richtung, aber das ist ein Grad an Vermenschlichung, die dem Hund nicht zuträglich ist. Von Verdauung wie auch vom Hautbild her fährt er mit dem immer gleichen Futter besser. Es sind vertraute Quellen für seinen Organismus.

Hunger wie ein Wolf

BARFen: rohes Fleisch im Futternapf

Der Hendlrücken ist so schmackhaft dekoriert, dass sogar der Hundebesitzer einen Gusto kriegt. Bello sowieso. Für ihn ist Sascha Kosteleckys Hundefeinkostladen ein Paradies, weshalb man auch die paar Meter in den 21. Bezirk ohne Knurren in Kauf nimmt. Unbedingt notwendig ist es nicht. Man kann alles online bestellen und bekommt alles rasch nach Hause geliefert. Ladenbesitzer Sascha Kostelecky will es den BARFern leicht machen. Bloß, wer sind diese BARFer?

BARFer sind Anhänger einer Fütterungsmethode, die sich an den Wölfen orientiert. Sie besteht aus biologisch artgerechtem, rohem Futter. Die Hauptzutaten sind gefrorenes Fleisch, Knochen und Gemüse. Klingt sehr wissenschaftlich für jemanden, der es noch nicht kennt, und tatsächlich ist es gar nicht so einfach. Man braucht dazu mehr als eine Hundeschüssel, man braucht Wissen und Zeit. Für Tierenergetikerin Margot Fischer ist BARFen prinzipiell eine gute Sache. Sie rät nur dazu, es mit der Umstellung langsam anzugehen: „Man kann nicht sechs Jahre lang nur Fertig-

Gesund für den Hund, eine Herausforderung fürs menschliche Auge, aber so weiß man wenigstens wieder, wie sehr man seinen Hund liebt

futter füttern und dann einfach so umsteigen. Man muss den Hund langsam gewöhnen, die Giftstoffe auszuscheiden, die sich da frei machen." Von heute auf morgen geht das also nicht.

Ein Paradies für Bello, trotz Verpackung, ein Fest für jede Hundenase

Die Hundebesitzer schrecke das nicht ab. Im Gegenteil. Immer mehr von ihnen nähmen sich die Zeit, ihren Hund selbstbestimmt und gesund zu ernähren, weil es sich langfristig eben lohne, meint Sascha Kostelecky. Immer häufiger beobachtet die Tierenergetikerin, dass Hunde bei Fertigfutter heftige Reaktionen zeigen. Allergien, Durchfall und Erbrechen, die sogenannten Zivilisationskrankheiten kommen ja nicht nur auf zwei Beinen daher. Sascha Kostelecky hat die Unpässlichkeiten seines eigenen Hundes mit BARFen in den Griff bekommen und sich seither mit solchem Genuss in das Thema verbissen, dass er gleich den Hundefeinkostladen eröffnet hat. Er ist von den

Vorteilen des BARFens restlos überzeugt. Wir haben nachgefragt.

Was macht BARFen so empfehlenswert?
Ich kann selbst bestimmen, was in den Napf des Hundes kommt. Ich kann schnell und einfach reagieren: Sollte er eine Futterkomponente nicht vertragen, dann lasse ich es einfach weg. Der Hund hat eine bessere Verdauung, ein wesentlich schöneres Fell, ein stärkeres Immunsystem und ist auch noch schlanker und agiler. Seine Wunden heilen schneller, und es gibt weniger Probleme mit Zahnstein. Das Wissen beruhigt mich, dass ich nicht den Abfall der Lebensmittelindustrie an meinen Hund verfüttern muss.

Leckere Hundebelohnung, Natur pur

Was sind die Nachteile?

Man muss sich zumindest am Anfang ein wenig Wissen darüber aneignen. Man braucht etwas Platz in der Tiefkühltruhe. Man muss mit Fleisch hantieren. Es ist also ein klein wenig aufwändiger, aber mit ein bisschen Übung ist das schnell in den Griff zu bekommen.

Was ist beim Füttern zu beachten?

Die Abwechslung sollte so groß wie möglich sein. Bei den Fleischsorten genauso wie bei Gemüse und Obst. Auch Milchprodukte können den Speiseplan des Hundes erweitern. Wenn die Ernährung nicht einseitig sein soll, dann ist BARFen für die meisten Hunde eine gute Art des Fütterns.

Gibt es eine Faustregel, wie man füttern soll?

Ja, sie heißt: zwei bis drei Prozent des Körpergewichts pro Tag, bei sehr kleinen Hunden manchmal auch bis zu vier Prozent. Und das Fressen sollte zu siebzig Prozent tierischen und dreißig Prozent pflanzlichen Ursprungs sein.

Hundefeinkostladen

Sinawastingasse 2c
1210 Wien
Tel.: 01-3360222
Mail: office@hundefeinkostladen.at
Web: shop.hundefeinkostladen.at

Gemüse? Hab ich schon gefressen!

Vegane Kost: weder Fisch noch Fleisch für den Hund

Fleisch und Fisch rührt Lena seit elf Jahren nicht an. Die Hundebesitzerin aus Wien lehnt das strikt ab. Vor drei Jahren sind auch alle anderen tierischen Produkte wie Käse oder Ei aus ihrem Eiskasten geflogen, und Lena war Veganerin. Was bedeutet, dass auch ihre Mischlingshündin Mara seit damals Gemüse statt Fleisch im Futternapf vorfindet. Und es dürfte ihr schmecken, jeden Tag ist alles weggeputzt. Ein Interview zwischen Geschmack und Gesinnung.

Wenn ein Mensch sich vegan ernährt, ist das seine Entscheidung. Ist es auch dem Hund recht?

Ich fand es immer schon eklig, Fleisch zu essen, es kam mir vor wie Kannibalismus. Und ich war immer schon eine Tiernärrin. Dass für das Essen meiner Hündin Tiere sterben müssen, obwohl sie selbst vor dem Tod gerettet wurde, weil ich sie aus einer Tötungsstation herausgeholt habe, kam mir zunehmend pervers vor. Ich habe mich mit dem Thema vegetarische Ernährung auseinandergesetzt und alles dazu gelesen, was ich gefunden habe. Dabei habe ich bemerkt, dass vegetarisches Hundefutter in fast allen Fällen automatisch auch veganes Hundefutter bedeutet.

Was bekommt Ihre Hündin zu essen?

Veganes Fertigfutter. Ich bestelle es online oder kaufe es im sechsten Bezirk im Veggie Laden. Manchmal bekommt sie etwas von unserem Essen. Frisches Obst und Gemüse zum Knabbern, aber auch Kaustangen aus Stärke, die gibt es ja sogar in Drogerien.

Wie schaffen Sie es, dass Ihre Hündin keine Mangelerscheinungen hat? Erhält sie Zusätze?

Das Futter von Amidog ist perfekt zusammengestellt. Es ist eine Vollnahrung für Hunde. Zusätze sind eventuell notwendig, wenn man den Hund selbst bekocht und keine Wissenschaft daraus machen möchte. Im Grunde sind Hunde Allesfresser und evolutionär an die menschliche Nahrung und deren Abfälle angepasst.

Lassen Sie die vegane Ernährungsweise Ihrer Hündin auch vom Tierarzt begleiten?

Maras letzter Bluttest war perfekt, und das nach zweieinhalb Jahren veganer Kost.

Zwei Veganer, Lena und Mischlingshündin Mira finden nichts Tierisches in ihrem Essen

Was raten Sie anderen, die ihren Hund auch vegan ernähren wollen?

Einfach machen. Probieren, welches vegane Futter dem Hund schmeckt. Am Anfang halb und halb mit dem gewohnten Futter mischen und dann ganz umstellen. Meine Hündin ist nicht heikel, sie frisst alles. Je nachdem, was der Hund vorher gegessen hat und wie heikel er ist, fällt die Umstellung etwas leichter oder schwerer. Viele Fertigfutter arbeiten ja mit Geschmacksverstärkern, die veganen Fertigfutter nicht. Selbst kochen geht natürlich auch, da würde ich dann ein Pulver von Vegedog beimischen. Wer mehr Anleitung braucht: Es gibt sogar Kochbücher für Hunde.

Ist Ihnen eine positive Veränderung aufgefallen?

Sie war immer schon der beste und schönste Hund der Welt. Nein, im Ernst. Sie hat sich nicht verändert. Tatsache ist jedenfalls, dass sie ein superschönes Fell hat und nicht stinkt. Das fällt vor allem Fremden immer wieder auf. Viele fragen mich deshalb nach dem Futter, ohne zu wissen, dass der Hund vegan ernährt wird. Ich hoffe, dass sie sich viele Zivilisationskrankheiten erspart, an denen immer mehr Hunde wegen der miesen Ernährung leiden. Stichwort: Schlachtabfälle. Bisher ist sie pumperlgesund.

Literaturtipp:

Juli Saflor, Vegan kochen für Mensch und Hund. 10,99 Euro

Web-Tipp:

www.veganversand-lebensweise.eu

Tea Time für Hunde
Auch Hunde sind Naschkatzen

Äußerst leckere Naschereien, alles selbstgemacht

HappCakes, LollyDogs oder DoggyTorten. Der BackHund in der Liechtensteinstraße ist keine neue Konditorei, in der man Topfengolatschen für altbacken hält. Der BackHund ist eine Konditorei, in der man für die Tea Time seines Hundes einkauft. Und man findet garantiert etwas, das ihm schmeckt, auch wenn er von Tea Time noch nie was gehört hat.

Das Knabberhuhn mit hängenden Füßen hat ausgedient, die Ästhetik ist beim Hundebesitzer angekommen. Genauso schön wie seine Köstlichkeiten ist auch das Geschäft dekoriert. Der BackHund gibt sich

geschmackvoll. Vor allem die Torten für den speziellen Anlass kommen gut an – in den Wiener Haushalten wird neuerdings auch der Hundegeburtstag gebührend gefeiert. Und zwar nicht mit fettigen Malakofftorten. Dinkelvollkornmehl, Bio-Freilandeier, Haferflocken und sogar Bachblüten machen das Ganze auch noch gesund.

Viele Kekse sind vegetarisch und ein echter Renner. Einen ethnischen Hintergrund hat das nicht. „Das liegt an den Unverträglichkeiten und Allergien der Hunde", erklärt Lisa Lintner vom BackHund. „Ich höre immer wieder von den Kunden, dass einige Hunde wenig bis fast gar kein Fleisch mehr vertragen. Besonders Rind, Huhn oder Pute stehen ganz oben auf der Unverträglichkeitsliste. Und nicht nur Fleisch, auch Weizen oder allgemein Getreide und Laktose spielen beim Hund mittlerweile eine große Rolle in der Ernährung. Der Trend geht immer mehr in die Richtung: Wo kommt mein Essen her? Und: Wie wurde es verarbeitet? Dafür steht der BackHund."

Der Vorteil von selbstgebackenen Keksen liegt klar auf der Hand und gut im Magen: „Man weiß, was drinnen ist. Man kann seinen Hund belohnen, braucht aber kein schlechtes Gewissen zu haben.

Leider sind viele Leckereien im Handel mit Geschmacksverstärkern und sonstigen Zusatzstoffen versetzt. Das führt zu Unverträglichkeiten und Allergien." Konservierungsstoffe kommen auch dem Bäcker beim „Bunten Hund" in der Neustiftgasse nicht in die Kekse. Die dort allerdings mehr nach österreichischer Hausmannskost klingen. Gugelhupf, Topfenpralinen, Leberkrokant, Käsestangerl und Schinkenplätzchen. Das alles natürlich mit Fleisch aus der Region, biologisch und frisch.

Auch hier zeichnet sich der Trend ab, dass Käse und rote Rüben ganz gut mit Leberkrokant und Hühnchen mitziehen können. Die Spielverderber namens Kalorien mischen bei gesunder und vegetarischer Nascherei genau so mit. Auch Hunde haben Hüften und können nicht unbegrenzt in sich hineinfuttern. Dafür hat der „Bunte Hund" für seine Kunden eine Faustregel parat: „An Naschtagen zieht man die Menge der Leckerlis einfach vom Futter ab." Oder man isst sie selber und gibt dem Hund den Tee.

BackHund

Liechtensteinstraße 68-70
1090 Wien
Tel.: 0676-7311700
Mail: wuff@backhund.at
Web: www.backhund.at

Keks-Rezepte

Das „Bunter Hund"-Rezept:
Leberkrokant

Zutaten:
100g frisch faschierte Rinderleber
100g Haferflocken
50g Dinkelvollkornmehl
Etwas kaltgepresstes Olivenöl
Eine Masse machen und mit einem kleinen Löffel Formen portionieren. Auf ein
Backpapier geben, bei ca. 200 Grad ca.
30 Minuten backen, bis die Kekse schön
braun und vor allem trocken sind. Bei Bedarf bei geringer Hitze im Ofen trocken
backen. Fertig!

Das „BackHund"-Rezept:
Kokos-Apfel-Leckerli

Zutaten:
250g Roggenmehl
50g Kokosflocken
50ml Wasser
Ein kleines Stück Butter
1 kleiner Apfel (gerieben)
3 EL Olivenöl
1 TL Zimt
Mehl, Kokosflocken und den Zimt miteinander vermischen. Das kleine Stück Butter, Olivenöl und den geriebenen Apfel hin-
zugeben. Kurz durchkneten, bis die Butter
weich ist. Danach das Wasser dazugeben
und zu einem fertigen Teig kneten. Den
Teig mit einem Nudelholz und etwas Mehl
ca.1/2 cm ausrollen und mit einem kleinen
Keksmotiv ausstechen. Im vorgeheizten
Backofen auf einem mit Backpapier ausgelegten Blech bei 170 Grad (Umluft) für
ca. 15 Minuten backen.

Heimlich naschen war gestern

Bunter Hund

Neustiftgasse 42
1070 Wien
Tel.: 01-5240656
Mail: office@bunterhund-wien.at
Web: www.bunterhund-wien.at

BackHund
Genuss auf vier Pfoten

Was mit einem Online-Shop begann, wurde nun zu einem Lieblingsplatz der Wiener Stadthunde.

Seit 2012 fabriziert BackHund in liebevoller Handarbeit und aus den besten Zutaten Kekse und feinste Leckereien für Hunde.

Online: www.backhund.at
oder besuchen Sie uns im Shop:
Liechtensteinstraße 68-70, 1090 Wien

Sitz & Platz

Da sitzt er nun, der Welpe. Bis er das auch auf Kommando kann, wird einige Erziehungsarbeit nötig sein. Was ein feiner Stadthund werden will, muss sich ja zu benehmen wissen. Ein gewisses Maß an Gehorsam braucht er, um im Straßenverkehr und inmitten von Menschenmengen klarzukommen. Damit vermeiden wir Stress beim Hund, Verzweiflung beim Besitzer und Ärger bei den Mitmenschen. Was Stadthunde lernen müssen, ist dabei noch einfach erklärt. Die Frage ist: bei wem? In der Hundeschule? Beim Hundetrainer? Das Angebot ist so riesig, dass es nicht einfach ist, sich da durchzufragen, deswegen haben wir das erledigt. Einen Tipp können wir gleich verraten: Wenn das Bauchgefühl nicht eindeutig ja sagt, sollte man seinen Hund schnappen und einen neuen Trainer suchen.

Braver Hund, feiner Mensch!

Warum nicht nur der Hund Erziehung braucht

Sie sehen einen. Sie nehmen Anlauf. Sie springen ab. Sie hauen einen um. Sie schlekken einen ab. Freude auf vier Pfoten kann umwerfend sein. Bis die Hunde erfahren, dass das, was sie vielleicht für Höflichkeit halten, den Menschen gar nicht so recht gefällt. Nur, woher hätten sie es wissen sollen? Einem Hund kann man jedenfalls keinen Vorwurf machen, wenn er sich nicht so benimmt, wie der Mensch sich das vorstellt.

„Der Hund lebt in einer Gesellschaft, auf die er nicht vollständig vorbereitet ist", erklärt Hundeschulbesitzer Leo Dekrout.

„Straßenverkehr, Kinder, Verkehrsmittel, andere Hunde, enge laute Räume, und da soll das Tier auf einmal selbstständig reagieren und viel mehr von dem übernehmen, was der Mensch nicht hinbekommt. Das kleine Kind nimmt man an der Hand, aber der Hund soll selber wissen, dass er nicht auf die Straße laufen darf. Da ist es schon unglaublich, wie eigenständig Hunde mitunter auch an stark befahrenen Straßen ohne Leine gehen, zwei Meter hinter ihren Besitzern."

Viele verwechseln so ein Verhalten mit Vertrauen. Eine gute Basis zwischen Mensch und Hund gelingt allerdings nur durch Kommunikation, erklärt die Tierverhaltenstherapeutin und Hundetrainerin Sandra Dorfner-Rösel: „Verstehen und verstanden werden, so heißt der Grundsatz. Er ist das Fundament für nachhaltiges Vertrauen." Menschliche Fehlinterpretationen sorgen unvermeidlich für Missverständnisse, aus denen Unsicherheiten werden. Eine intakte Kommunikation setzt voraus, dass wir uns unserer nonverbalen Signale be-

Man muss sich als Hund nicht gleich verstecken, wenn man eine Übung nicht sofort kann, empfehlenswerte Hundetrainer passen sich dem Tempo des Vierbeiners an

Vertrauen zwischen Hund und Mensch, eine wichtige Basis für Hundetrainerin Sandra Dorfner-Rösel

wusst sind und die tierischen sicher deuten können. Unsere Hunde stehen in ständiger Kommunikation mit uns. Sie leben im Moment, als ständige Beobachter spiegeln sie ihr menschliches Umfeld wider. Inkonsequenz und stimmungsabhängiges und damit widersprüchliches Verhalten erkennt ein Hund sofort als menschliche Führungsschwäche. Und die, sagt Sandra Dorfner-Rösel, „überfordert viele Hunde maßlos".

Erziehung – gewaltfrei wohlgemerkt – ist notwendig, und zwar weniger für uns als für den Hund. „In erster Linie", erklärt die Trainerin, „tun wir damit nämlich unseren Hunden einen Gefallen, weil sie sich nach Orientierungshilfe im menschlichen Alltag sehnen. Eine solide Erziehung ist die Basis für einen harmonischen Hundealltag, der maximalen Freiraum bietet". Ein gut erzogener Hund, der sich in sozialen Konflikt-

75

situationen an seinem Menschen orientiert, ist ein gern gesehener Wegbegleiter, der öfter und uneingeschränkter seinen Bedürfnissen nachgehen darf. „Narrenfreiheit geht selten gut aus", warnt die Trainerin, „als Hundehalter sollten wir uns immer bewusst sein, dass wir auch eine große gesellschaftliche Verantwortung haben".

Und für die gibt es eindeutige Regeln. Zwei davon werden laut Hundeschulbesitzer Leo Dekrout besonders oft nicht eingehalten und bieten viel unnötigen Konfliktstoff: „Dieses Mein-Hund-tut-nix-Gehabe ist eigentlich ein Wahnsinn. Man muss sich einmal bewusst machen, wie respektlos man damit von Mensch zu Mensch umgeht. Wenn jemand sagt, er hat Angst, und man schaut trotzdem zu, wie der Hund zu ihm hinläuft, ohne ihn zurückzurufen, ist das unzumutbar. Auch die Hundstrümmerl-Problematik ist noch nicht ganz im Griff. Immer mehr Hundebesitzer räumen das Hauferl weg, aber in Fleisch und Blut ist das noch nicht übergegangen. Es sind ja nicht nur Menschen ohne Hund betroffen, wir steigen ja auch hinein." Soziales Lernen ist also nicht bloß Sache des Hundes. Auch der Mensch darf sich auf dem Gebiet ruhig sein Lob verdienen.

Das Einmaleins des Grundgehorsams

Was muss ein Stadthund wissen und können?

Grundgehorsam:

„Sitz", „Platz", „Fuß" und an der Leine gehen – wichtige Kommandos, die jeder Hunde können sollte.

Stadttypische Situationen kennenlernen:

Die Ausrede, er ist doch noch so klein, gilt nicht. Der Hund sollte möglichst früh alles kennenlernen, was mit Lärm und engen Räumen verbunden ist: U-Bahn, Straßenbahn, Einkaufszentren, Einkaufsstraßen, Hauptplatz und Lokale. Es erleichtert das Leben von Hund und Mensch ungemein, wenn das Tier in solchen Situationen entspannt ist.

Straßenverkehrstauglichkeit:

In der Nähe von Straßen sollte ein Vierbeiner sowieso an der Leine sein. Trotzdem sollte man das Thema Straßen extra berücksichtigen. Die Kommandos „Steh" oder „Stopp" sollte der Hund verstehen, und man muss sich darauf verlassen können, dass er nicht über die Straße rennt. Er sollte auch lernen, ruhig an der Leine über die Straße zu gehen. Auf stark befahrenen Straßen kann es in Stress ausarten, wenn der Hund herumspringt oder sich einfach hinsetzt und nicht weitergehen will.

Mit anderen Hunden gut auskommen:

Frühe Sozialisierung mit anderen Hunden ist ganz wichtig. Hunde miteinander spielen und aneinander schnüffeln zu lassen, ist wichtig für eine Hundeseele. Aber man muss auch Mobbing-Tendenzen erkennen und unterbinden. Wenn der Vierbeiner es gar nicht schafft, sich gegenüber anderen zu benehmen, hilft eine Trainerstunde. Die Einstellung, dass sich die Hunde das eh untereinander ausmachen, geht gar nicht.

Giftköder und andere Dinge, die am Boden liegen:

Der Hund sollte möglichst früh lernen, dass er nichts vom Boden fressen darf. Die ausgelegten Giftköder sind eine echte Gefahr für unsere Vierbeiner. Wenn der Hund zu lange im Gebüsch herumschnüffelt oder sich sehr intensiv mit der Bodenbeschaffenheit beschäftigt, sollte man auf jeden Fall kontrollieren, was ihn so fasziniert. Sollte es der Giftköder oder verdorbenes Essen sein, können die Kommandos „Aus" oder „Spuck aus" schnelles Handeln möglich machen. Mittlerweile bieten Hundetrainer und Hundeschulen spezielle Giftköder-Schulungen an.

Setzen, nicht genügend

Warum eine Hundeschule nicht schaden kann. Vor allem den Menschen.

Platz und aus! Also was jetzt, denkt der Hund. Warum legt er sich nicht hin, fragt sich der Mensch. Natürlich kann man seinen Vierbeiner auch selbst erziehen. Hin und wieder gelingt das ja auch. Leichter, da wird man wenige Gegenstimmen hören, geht es in der Hundeschule. Immerhin lernen dort Mensch und Hund, und nicht nur Kommandos. Sie lernen auch, den Sinn dahinter zu verstehen.

Man mag seinen Hund gut kennen, ein Trainer erkennt ihn. Und sieht weit früher, wenn Verhaltensprobleme auftauchen. Ob Welpen in die Hundeschule oder ins Einzeltraining sollen, ist für Hundeschulleiterin Elisabeth Mannsberger keine schwere Frage: „Für mich persönlich schließt eine moderne Hundeschule ein Einzeltraining nicht aus. Gerade in der Welpenerziehung finde ich eine Kombination aus Einzeltraining und Welpenspielstunde in Kleingruppen besonders wichtig. So kann ich auf der einen Seite optimal auf die Bedürfnisse oder Probleme individuell eingehen, und in den Spielstunden können Mensch und Hund Erfahrungen fürs weitere Zusammenleben sammeln."

Miteinander lernen

Die Pflichtschulzeit für Hunde ist eine Kür. Die Zeit in der Hundeschule ist prägend und kann weder durch Zeitlimits, punktgenaue Übungsergebnisse nach Zonen und Farbbereichen oder erreichte Punkteanzahlen ausgerechnet werden. Das einzige, was zählt, ist für Elisabeth Mannsberger, dass man sich wohlfühlt: „Gemeinsam lernen und verstehen ist das Motto. Mein Ziel ist es, Hundeerziehung und Beschäftigung nach neuen Erkenntnissen, mit Herz und Verstand zu fördern. Dadurch stärken wir das konfliktfreie Zusammenleben von Mensch und Hund und den Spaß mit- und aneinander."

Das Einmaleins des Grundgehorsams ist die Grundlage für alles. Kommandos sind nichts Schlechtes, aber es geht vor allem um das Wie. Gewalt darf in einer Hundeschule niemals Thema sein, sagt Hundeschulbesitzer Leopold Dekrout: „Das Hauptübel bei vielen ist: Es muss alles immer funktionieren. Diese Knopfdruck-Mentalität der Ich-hau-einmal-hin-Hundetrainer nimmt immer noch einen hohen

Sitz, Platz, Steh, Training in einer kleinen Gruppe, jeder arbeitet nach seinem Tempo

Stellenwert ein. Das hat alles noch keine Nachhaltigkeit. Auch bei Hunden funktioniert nichts mit einer gesunden Watschen. Der Hundehalter soll ja langfristig verstehen, warum er etwas tut, damit er auch in Zukunft leichter Lösungen erarbeiten kann."

Kurs-Richtungen

Viele Fragen ergeben sich bei der Leinenführigkeit, dem eindeutig größten Problem, mit dem Frauerl und Herrl in die Hundeschule von Leopold Dekrout kommen: „Die Leine ist etwas Begrenzendes, damit hat der Mensch die Verantwortung an den All-

tag abgegeben. Da kann er noch telefonieren, er weiß ja, dass der Hund an ihm dranhängt." Ansonsten sollen die vierbeinigen Schüler möglichst gut auf den Alltag vorbereitet werden: „Wir haben Training mit Kinderwagen und ballspielenden Kindern. Wir gewöhnen die Tiere im Bedarfsfall an Kopfbedeckungen wie Motorradhelme. So etwas verstört Hunde. Man muss sich das vorstellen: Plötzlich hat da jemand einen Wasserkopf."

Verwirrend kann auch die Hundeschule selbst sein. Einmal ist ein Ton zu heftig, dann zieht wer an der Leine, und diese Meute fremder Hunde, die einen da überrennen.

Gemeinsame Beschäftigung schafft eine gute Basis zwischen Hund und Frauerl

Bestrafung. Ein Zertifikat, das sich Hundetrainer freiwillig holen können. Letztlich muss sich der Hundehalter bei der Wahl einer Hundeschule auf sein Bauchgefühl verlassen. Oder auf den Hund, wie Elisabeth Mannsberger rät: „Wenn der Hund beim Spazierengehen im Nahbereich der Hundeschule unbedingt herein will. Dann ist man richtig."

Ein Welpe, der Angst vor körperlich eindeutig überlegenen Hunden hat, hat in so einer Gruppe nichts verloren. Hunde-Mobbing ist absolut tabu. Das kann sich ein Leben lang auf der Hundewiese auswirken, wie Leopold Dekrout warnt: „Oft herrscht die Mentalität vor, wenn ein Hund den anderen mobbt, die machen sich das schon aus. Wenn das zwei Kinder in einer Sandkiste machen, würde keine Mutter zuschauen. Die Konsequenz für die Hunde ist doch, dass sie lernen, dass der Artgenosse nicht immer so toll ist."

Es gibt viele Ansätze, viel Auswahl, viele Hundetrainer und keine gesetzlich anerkannte Ausbildungsstätte. Eine neue Errungenschaft ist die Prüfung „Tierschutzqualifizierter Hundetrainer". Ein gesetzlich anerkanntes Gütesiegel für Trainer, die Hunde ausschließlich nach positiver Bestärkung belohnen, also gänzlich ohne

Hundeschule Mannsberger

Elisabeth Mannsberger
Petritschgasse 30
1210 Wien
Tel.: 0676-897246100
Mail: office@hundeschule-mannsberger.at
Web: www.hundeschule-mannsberger.at

Hundeschule Hundefragen

Leopold Dekrout
Breitenleer Straße – Anfahrt siehe Homepage
1220 Wien
Tel.: 0676-7212210
Mail: office@hundefragen.at
Web: www.hundefragen.at

Woran erkennt man eine gute Hundeschule?

Die Hundetrainer:

In Österreich ist der Beruf Hundetrainer kein Lehrberuf. Das Gütesiegel „tierschutzqualifizierter Hundetrainer" ist eine gute Sache, aber nicht verpflichtend. Man kann also auch ganz ohne abgeschlossene und geprüfte Ausbildung als Hundetrainer arbeiten. Was die Gefahr nahelegt, an jemanden zu geraten, der entweder keine Ahnung oder fragwürdige Methoden hat. Finger weg von allen Trainern, die mit Gewalt arbeiten. Außerdem sollte man sich darüber informieren, wo er seine Ausbildung gemacht hat.

Die Regeln:

- Gewalt ist tabu, Trainer arbeiten mit positiver Verstärkung, also mit Lob und Leckerlis.
- Kasernendrill und Leinenruck sind keine Option, die Kommunikation erfolgt über Handzeichen oder Körpersprache.
- Zughalsbänder, Würgeketten und Stachelhalsbänder sind kein Thema.
- Auf möglichst kleine Gruppen achten. Richtwerte: fünf Hunde, ein Trainer; maximal zehn Hunde bei zwei Trainern.

- Die Trainer arbeiten mit dem Bewusstsein, dass Hunde und Menschen Individuen sind – es kann nicht jeder gleich gut sein.
- Die Übungen werden schrittweise erklärt, sodass jeder Teilnehmer versteht, wie sein Hund das Verlangte erlernen kann.
- Der Trainer erkennt die Überforderung eines Kursteilnehmers – egal ob Mensch und Hund – und geht extra darauf ein.
- Hunde können vor dem Training frei laufen, um einander kennenzulernen.
- Wenn ein Hund Mobbing-Tendenzen hat, wird speziell darauf eingegangen. Er wird aus der Gruppe genommen und erhält Einzeltraining.
- Hunde dürfen jederzeit Harn und Kot absetzen, der selbstverständlich vom Besitzer weggeräumt wird.
- Auch Familienmitglieder sind beim Training zugelassen.
- Das Ablegen von Prüfungen kann angeboten werden, sollte aber nicht das vorwiegende Ziel sein.

Mehr Infos zur Auswahl von Hundeschulen: www.vier-pfoten.at oder www.iemt.at

Wir sind dann ganz privat!

Einzeltraining mit Hund

Manche Hunde brauchen ein Einzeltraining, manche Besitzer wollen eines. Solange sich der Hund wie einer benimmt und keine größeren Verhaltensauffälligkeiten zeigt, ist es reine Vorliebe, ob man lieber allein oder in der Gruppe lernt, worauf es ankommt. Es macht auch keinen Unterschied, ob man lieber in eine Hundeschule geht, die auch Einzeltraining anbietet, oder zu einem Hundetrainer. Die einzige Frage, auf die man Antwort finden sollte, ist: Was oder wer ist das oder der Richtige für sich und seinen Hund?

Trainer beschnuppern

Hundetrainerin Cornelia Griehsler kennt die Antworten: „Man sollte verschiedene Trainer anrufen, sich mit ihnen am Telefon ein bisschen unterhalten und dabei auf sein Bauchgefühl achten. Wenn einem alles plausibel klingt, vereinbart man eine Schnupperstunde, macht ein paar kleine Übungen und schaut, wie man selbst und der Hund mit dem Trainer zurechtkommt." Man schaut dem Trainer also genau auf die Finger und lässt sie am besten von ihm, wenn wie Griehsler rät, „einem nicht gefällt, wie er mit dem Hund umgeht, oder man einfach kein gutes Gefühl bei ihm hat". Ganz klar ist die Sache, „wenn er sagt, der

Hund muss eine Kette tragen und braucht eine harte Hand, dann verabschiedet man sich sofort". Dasselbe gilt auch für Trainer, die versichern, dass ihr eigener Hund immer funktioniere und sie noch nie ein Problem miteinander gehabt hätten. Für Griehsler ist das nicht anders als ein eindeutiges Kommando, nämlich: „Umdrehen und gehen. Denn das ist einfach nicht korrekt." Und da ist es ganz gleich, ob es sich um einen Trainer in einer Hundeschule oder um einen Einzeltrainer handelt.

Cornelia Griehsler bietet unter dem Namen „Hundetraining mit Herz" Einzelstunden, Gruppenkurse, Informationsveranstaltungen und Beratungen zum Thema Hund an. Die Basis, die sich durch ihr gesamtes Training zieht, ist der artgerechte und verständnisvolle Umgang mit dem Hund. Die Besitzer lernen den Hund richtig zu verstehen, werden in seine Verhaltenswelt eingeführt und bekommen durch Körpersprache, Zeichen und Kommandos vielfältige Kommunikationsmöglichkeiten. In ihren Kursen ist die Teilnehmerzahl auf höchstens fünf Hund-Mensch-Teams beschränkt, denn nur so ist es möglich, auf jeden Einzelnen einzugehen und den individuell passenden Trainingsweg zu finden. In diesen Kleingruppen holt sie die Vierbeiner

Ein großer Baumstamm, oft braucht es nicht mehr, um den Spaziergang spannender zu machen

dort ab, wo sie gerade in ihrer Entwicklung stehen. „Wenn der eine Hund das Kommando Sitz bereits kann, muss er es in der Stunde nicht mehr üben, nur weil ein anderer Vierbeiner damit noch seine Probleme hat."

Sitz auf Schwedisch

Die Trainerin lässt die Hunde im Gruppen- und im Einzeltraining nicht nur in ihrem eigenen Tempo arbeiten, sie lässt auch dem Hundehalter bei der Auswahl der Kommandos freie Wahl. „Jeder soll das Wort nehmen, das ihm vom Bauchgefühl her angenehm ist. Natürlich gebe ich auch Tipps, aber letztlich sind es die beiden, die im Alltag miteinander leben müssen." Cornelia Griehsler spricht also nicht nur die

Sprache der Hunde. Sie bietet auch Einzeltraining in englischer Sprache an und merkt sich die Kommandos, die jemand mit seinem Hund in einer Sprache spricht, die sie gar nicht kann. Dann lernt sie halt, wie man einem Hund auf Schwedisch Sitz beibringt, da ist sie flexibel. Und nicht nur dort.

Cornelia Griehslers Training findet nicht immer am selben Ort statt: „Ich habe die Erfahrung gemacht, dass die Hunde in der Schule supertoll an der Leine gehen, super folgen. Kaum gehen sie raus, ist alles vorbei. Hunde verbinden das Folgen mit dem Ort. Der Hund denkt sich, Sonntag ist, super! Da ist Frauerl oder Herrli konsequent, da brauche ich gar nichts probie-

ren, aber draußen, kann ich machen, was ich will. Deswegen mache ich meine Kurse und Trainings im freien Feld, im Alltag draußen, wo auch die Probleme auftreten!" Das gilt natürlich auch für die Stadtmanagement-Kurse, die sie im Angebot hat. Dabei lernen Hund und Mensch den richtigen Umgang mit öffentlichen Verkehrsmitteln, Lokalen und Autofahrten. Die Tiere lernen Ruhe bewahren, wenn Leute im Bus ein- und aussteigen, oder wenn jemand im Lokal mit einem anderen Hund vorbeigeht. Alles Alltagsprobleme, die fast jeder Hundehalter in einer Stadt kennt.

Das Herz, das Cornelia Griehsler in ihrem Slogan hat, gehört auch Hunden, die größere Sorgen haben. Ganz gleich, ob es um Aggressionsproblematiken gegen Artgenossen oder Menschen, Angstzustände, Unsicherheiten, Probleme durch Traumata, Bindungsprobleme oder Unterbeschäftigung geht. Hier kombiniert sie im Einzeltraining Problemhundetraining schon mal mit therapeutischem Longieren. Sie geht gerne eigene Wege, auch wenn es um den Spaß zwischen Mensch und Hund geht. Trickschule, sinnvolle Beschäftigung, aktives Spaziergehen, Kiani-Kurs, die Liste ihrer Angebote ist lang. Obwohl es letztlich immer nur um eines geht: Gut ist alles, was die Bindung zwischen Mensch und Hund stärkt. Und das Verständnis für unsere Vierbeiner fördert.

Hundetraining mit Herz

Cornelia Griehsler
Tel.: 0650-3614104
Mail: office@hundetrainingmitherz.at
Web: www.hundetrainingmitherz.at

Kurse, die nicht jeder kennt:

- Sinnvolle Beschäftigung für Hunde: Lustige Kopf- und Konzentrationsspiele für daheim und unterwegs.
- Trickschule: Hund und Mensch lernen Kunststücke.
- Kiani: Kombination aus Spielelementen, ruhigem Sitzen und Arbeiten über Distanz. Fördert die Konzentration und Zusammenarbeit.
- Therapeutisches Longieren: Der Hund geht an einer langen Leine, lernt Gehorsam auf Distanz – für Aggressions- und Jagdproblematiken, aber auch einfach nur zum Spaß.

Mehr Kurse und mehr Begriffe: www.hundetrainingmitherz.at

Drei Beschäftigungs-Tipps beim Spaziergang von Trainerin Cornelia Griehsler:

- Im Kreis: Der Hund lernt, einen Kreis um den Baum zu laufen, im oder gegen den Uhrzeigersinn, beides mit einem anderen Kommando.
- Leinen-Suche: Der Hund lernt zuerst den Begriff Leine. Dann wird die Leine versteckt, der Hund sucht die Leine.
- Auf Baumstämme springen: Der Hund lernt, auf einen Baumstamm zu springen, dort gibt er Pfote oder macht Männchen.

Literatur-Tipps:

Celina del Amo, Abenteuer für Hunde - Spiel und Spaß unterwegs. 9,90 Euro
Kyra Sundance, 10 Minuten-Spiele für Hunde. 19,90 Euro
Mirko Tomasini, Das Leitwolf-Spiel - Natürlich spielen mit Hunden. 16,90 Euro

Trainer mit Gütesiegel
Eine Orientierungshilfe für Hundehalter

Es ist noch relativ neu, aber einige Hundetrainer könnten es sich schon eingerahmt an die Wand hängen. Oder an einen Baum, schließlich praktizieren Hundetrainer ja im Freien. Egal, wo man es sich hinheftet, das Zertifikat „Tierschutzqualifizierter Hundetrainer" ist schon was. Ein gesetzlich anerkanntes Gütesiegel als Orientierungshilfe für alle Hundehalter, die Hilfe bei der Erziehung wollen.

Die Prüfung ist zwar freiwillig und mit Kosten verbunden, aber sowohl für Trainer in einer Hundeschule als auch im Einzeltraining eine gute Möglichkeit, ihre Arbeitsweise darzulegen. Da der Ausweis nicht verpflichtend ist, bedeutet das nicht, dass Trainer ohne Zertifikat nicht mit diesen Grundsätzen arbeiten und keine gute Ausbildung haben. Das Gütesiegel blinkt quasi nun sichtbar dafür, dass sich die Trainer verpflichtet haben, nach dem Prinzip der positiven Verstärkung zu arbeiten, also niemals Gewalt anzuwenden. Und – wie der Name schon sagt – die einheitlichen Qualitätskriterien aus dem Blickwinkel des Tierschutzes kennen. Das bedeutet: wissenschaftliche Grundlagen, rechtliche Aspekte und ethische Ansichten.

Antreten zur Prüfung

Um das Gütesiegel zu bekommen, muss man als Trainer nicht nur büffeln, man braucht auch mindestens zwei Jahre praktische Erfahrung. Dann kann man die Prüfung vor einer Kommission ablegen – theoretisch und

praktisch. Das Bundesministerium für Gesundheit hat das Messerli Forschungsinstitut der Veterinärmedizinischen Universität mit der Vergabe des Gütesiegels beauftragt. Wer die Prüfung bestanden hat, hat noch ein paar Hausaufgaben. Man verpflichtet sich auch, sich regelmäßig weiterzubilden. Ganz im Sinne des Tierschutzes.

Koordinierungsstelle Tierschutzqualifizierter Hundetrainer

Messerli Forschungsinstitut
Veterinärmedizinische Universität Wien
Kontakt: Karl Weissenbacher
Veterinärplatz 1
1210 Wien
Tel.: 01-250772699
Mail: karl.weissenbacher@vetmeduni.ac.at
Web: www.vetmeduni.ac.at/de/messerli/ueber-uns/koordinierungsstelle

Kosten für das Zertifikat Tierschutzqualifizierter Hundetrainer:
Prüfungsgebühr: 340 Euro
Ausstellungsgebühr Zertifikat: 50 Euro
Lizenzgebühr: monatlich 10 Euro

Gassi & Co.

Es ist kein hartnäckiges Gerücht, dass man mit dem Hund bei jedem Wetter hinaus muss. Es ist die Wahrheit. Ausreden gelten nicht. Schon gar nicht das Wetter. Im Sommer ist es nicht zu heiß, im Winter nicht zu kalt. Die Natur hat unsere vierbeinigen Freunde für jede Jahreszeit richtig angezogen, die Besitzer sollten das selber können. Und so stapft man in der ärgsten Hitze und im tiefsten Schnee durch die Landschaft. Beides kann sehr schön sein, wenn man die richtigen Plätze dafür kennt. In einer Stadt ist das nicht immer leicht. Wer wandern oder schwimmen will, muss sich ein bisschen umhören. Oder sich auf uns verlassen. Für alle, die direkt durch die Stadt ziehen wollen, weil sie Freunde zu Besuch haben, haben wir Sightseeing-Tipps zusammengetragen. Dazu liefern wir auch gleich ein paar Hotelempfehlungen. Für Gäste und Vierbeiner. Wir haben eine Tagesbetreuungsstätte für Hunde besucht und haben uns schlau gemacht, wie sich Hund und Mensch in Verkehrsmitteln aller Art zu benehmen haben.

Sie sind so frei

Wo Hunde ohne Beißkorb und Leine laufen können

Hundebesitzer führen ein bewegtes Leben. Bei der frischen Luft, die so ein vierbeiniges Wesen braucht, kommen sie viel herum. Drei bis vier Gassirunden am Tag sind optimal. Mindestens eine davon sollte ein ordentlich langer Spaziergang sein, bei dem sich der Hund so richtig austoben kann. Richtig austoben. Was für eine schöne Idee mitten in einer Großstadt.

Wien hat mehr als 160 Hundezonen und Auslaufplätze im Angebot, also insgesamt mehr als eine Million Quadratmeter, auf denen der Hund ohne Beißkorb und Leine herumtollen und Sozialkontakte mit Artgenossen pflegen kann. Und doch ist die schöne Idee vom richtigen Austoben immer noch eine Idee. Die meisten der Plätze sind weit entfernt von dem, was man für einen ausgedehnten Spaziergang braucht. Zu dem Zweck braucht man mehr Natur.

Die Hundezonen und Auslaufplätze haben zwei Vorteile: Es gibt so viele, dass immer einer in der Nähe ist, und der Hund findet immer einen Grashalm, um sein Geschäft zu verrichten. Beide Plätze sind extra gekennzeichnet. Mit einem Zaun und einer Tafel als Hundezone. Mit vier Schildern als Hundeauslaufplatz.

An allen anderen öffentlichen Orten in Wien gilt per Gesetz Beißkorb- oder Leinenpflicht. Für Freigeister ist die Liste der empfohlenen ausgedehnten Spaziergänge eine vergnügliche Lektüre. Die Wald- und Wiesenflächen, die dort empfohlen werden, sind so groß, dass man kaum einmal mit Nicht-Hundebesitzern in Konflikt gerät.

Die besten Hundezonen und Hundeauslaufplätze:

Der Heldenplatz
Ein eingezäunter Platz mitten in der Stadt. Gute Kombination: ein Stadtspaziergang mit Pause im Grünen. Hier kann der Hund auch soziale Kontakte pflegen und sein Geschäft verrichten.
Adresse: direkt am Heldenplatz, 1010 Wien

Wer viel läuft, muss auch viel trinken, in einigen Hundezonen und Auslaufplätzen muss man das Flascherl gar nicht mitnehmen, ein Brunnen steht bereit

Im Prater

Mit knapp 300.000 Quadratkilometern die größte Hundefreilaufzone Wiens. Ein großer Teil davon ist Wald. Hier sind ausgedehnte Spaziergänge im Grünen möglich. Adresse: Kaiserallee/Rustenschacherallee, 1020 Wien

Roter Berg

Eine eingezäunte Hundewiese mit schönem Ausblick. Der Hund kann auf der Wiese frei herumtollen. Es gibt ein paar Bänke zum Sitzen. Adresse: Rote Berg Gasse/Roter Berg, 1130 Wien

Hermannsweg

Hier ist ein netter Spaziergang mit dem Hund möglich. Das Areal ist durchgehend begrünt. Es gibt mehrere Bäume und schöne Wiesen. Erfrischung bietet der kleine Liesingbach. Adresse: Ecke Hermannsweg/Triester Straße/Pfarrgasse, 1230 Wien

Weitere Hundezonen und Hundeauslaufplätze findet man auf: www.wien.gv.at/umwelt/parks/hundezonen.html

Ausgedehnte Spaziergänge

An diesen Orten kann man stundenlang mit dem Hund unterwegs sein. Zwar nicht ganz so frei, da Leinen- oder Beißkorbpflicht herrscht, dafür ist man mitten in der Natur.

Kahlenberg
Der Kahlenberg ist eine Sehenswürdigkeit und ein beliebtes Sonntagsausflugsziel der Wiener. An klaren Tagen sieht man über die ganze Stadt. Hier kann man gemütlich durch die Weinberge wandern oder durch den Wald stapfen. Mehrere Gaststätten laden zur Einkehr ein.
Adresse: Am Kahlenberg/Parkplatz, 1190 Wien

Cobenzl
Ein schöner Weg entlang der Wiener Weinberge. Hier kann man entweder neben dem Naturerlebnispfad spazieren oder dem Trampelpfad folgen. In dieser verträumten Hügellandschaft kann man auch den einen oder anderen Heurigen entdecken.
Adresse: Am Cobenzl, 1190 Wien

Maurer Wald
Ein wunderschönes und abwechslungsreiches Ausflugsgebiet mit viel Wald und weiten Wiesen. Hier kann man lange durch die Gegend wandern, man kann aber auch herrlich im Grünen sitzen und die Umgebung genießen. Eine Gaststätte lädt zum Verweilen ein.
Adresse: Parkplatz Anton-Krieger Gasse, 1230 Wien

Sophienalpe
Die Sophienalpe ist ein beliebtes Ausflugsziel. Der Wanderweg ist gut beschildert und er bietet viel Abwechslung mit freien Wiesenflächen und wunderschönen Aussichtsplätzen. Hier gibt es auch einen Hundeauslaufplatz, wo der Hund ohne Leine und Beißkorb laufen kann. Gemütliche Gaststätten machen einen Wandertag perfekt.
Adresse: Mauerbachstraße 47, 1140 Wien – ein öffentlicher Parkplatz befindet sich ca. 100 Meter vom Gasthaus „Zum Grünen Jäger" entfernt

Die Initiative „Mehr Platz für Hunde"

Der Verein Tierliebe hat das Ziel, mehr Hundezonen in der Stadt und am Land zu erschaffen. Auf der Internetseite kann man eine Unterstützungserklärung abgeben. Jede Stimme wird in einen Quadratmeter Hundeauslaufzone umgewandelt. Man kann auch neue Plätze für Hundezonen vorschlagen.
Web: www.platzfuerhunde.at

Wasserratte Hund

Badeplätze für Hunde, wo auch Frauerl und Herrl ins Wasser dürfen

Im Sommer läuft man als Hund auf Wiens Straßen oft wie auf heißen Kohlen. In die Donau soll man nicht, ins Freibad darf man nicht, in die Badewanne will man nicht. Die Alternative liegt oft etwas abseits von der City. Da braucht man schon einen Menschen, der seinen Schäfer nicht unbedingt im Trockenen haben will, und mit ihm ein paar Meter weit zum nächsten Badeplatz fährt. Dafür stellt man sich, wenn man aus dem Wasser kommt, auch ganz nah zu ihm, wenn man sich abschüttelt. Damit er auch was davon hat.

Hundert Mal das Frisbee aus dem Wasser holen, das könnte ein Hund den ganzen Tag machen

Fünf Badeplätze für Mensch und Hund

Das Prater Heustadlwasser
Ein beliebter Treffpunkt für Hundebesitzer quasi mitten in der Stadt. Dort kann man auf einem naturbelassenen Teil des alten Donaukanals den Tag verbringen. Gleich daneben ist das Rosenwasser. Ein kleiner Teich mit einer Liegewiese und Bäumen.
Adresse: Prater/Hauptallee/Ecke Stadiongasse

Die Donauinsel
Der Hundestrand Nord liegt direkt am Ufer der Donau. Ein lauschiges Plätzchen, wie es im Hundebilderbuch steht.
Adresse: Floridsdorfer Brücke, Parkplatz Donauinsel, von dort ca. 200 m donauseitig stromaufwärts

Synchronschwimmen mit Hund. Noch keine olympische Disziplin, macht aber trotzdem Spaß

Relaxen am Wasser, warum nimmt man als Hundehalter ein weißes Badetuch mit?

Das Mühlwasser

Die Fahrt dauert vielleicht etwas länger, aber sie lohnt sich. Dort kann man den ganzen Tag herrlich in der Gegend herumliegen oder mit seinem Hund um die Wette schwimmen.
Adresse: Biberhaufenweg/Mühlwasserpromenade

Badeteich Hirschstetten

Viel Auslauf und etliche Schwimmrunden. Hier wird der Hund müde. Wer herumliegen will, kann sich unter einen schattenspendenden Baum legen.
Adresse: Spargelfeldstraße/Ziegelhofstraße/Bibernellweg

Wienerbergteich

Ein Teich, der mitten im Naturschutzgebiet liegt. Es gibt genügend lauschige Plätze mit Schatten, wo man auch allein sein kann.
Adresse: zwischen Eibesbrunnergasse und Neilreichgasse

Mehr Badeplätze auf:

www.hunde-zone.at

Rasendes Rudel

WildUrb-Tour am Rande der Stadt

Trackinfo

Verlauf: Kommunikationsplatz, March-feldkanal, Donauinsel, Jedleseer Brücke
Art: Rundwanderung, mittel
Tracklänge: 10,05 km
Startpunkt: 1210 Wien, Kommunikationsplatz
Öffis: U6 > Floridsdorf umsteigen 33B > Lohnergasse

Der Tag schaut fast noch müder aus als wir Hundebesitzer. Aber er vernebelt nicht, was richtige WildUrbs jetzt zu tun haben: Sie trotzen jedem Wetter, um ihre Hunde glücklich zu machen. Die sind jedenfalls putzmunter. Malibu, Coco, Aisha, Pheobe, Alisa, Ringo und natürlich Yuki. Sie hat ihre Freunde eingeladen, um einen spannenden neuen Weg auszuprobieren. Es ist früh am Morgen, und die Botschaft des siebenschwänzigen Wedelns ist klar. Schlafen könnt ihr, wenn wir alle Geheimnisse des Marchfeldkanals und der oberen Donauinsel gelüftet haben.

Track-Verlauf

Wir starten am Kommunikationsplatz. Zwischen der Geschwindigkeitsbeschränkung mit dem schwarzen 50er drauf und dem Schild, das das Ende von Wien anzeigt, beginnt ein Schotterpfad. Er führt, unterbrochen von einem kurzen Straßenstück, direkt auf den beschilderten Marchfeldkanalweg. Drei Kilometer lang folgen wir dem Pfad, kein Baum und kein Strauch, der ihn flankiert, bleibt von den Hunden unbeachtet. Bei der Fischerhütte, einem Imbissstand mit ein paar Heurigentischen, legen wir eine Rast ein. Unser Rudel, das ordentlich herumgetobt ist, tut, als bräuchte es keine Pause, aber wenn Hunde so hecheln, schwindeln sie auch. Entlang des Marchfeldkanals können sie immerhin wunderbar im Wasser spielen. In der Morgen- und Abenddämmerung muss man sie allerdings ein bisschen zurückpfeifen, weil dann Biber am Werk sind, die einerseits leicht zu verängstigen sind, ihren Bau andererseits auch verteidigen.

Unter der Autobahnbrücke (Barwichgasse) geht's weiter Richtung Donauinsel. Auf der breiten Staumauer des Einlaufbauwerks Langenzersdorf überqueren wir die Neue Donau. Uh, Vorsicht, Radfahrer. Auf der anderen Seite nehmen wir den Treppelweg entlang der eigentlichen Donau, weil der für Radfahrer verboten ist. So interessant wären sie zwar nicht mehr bei all den Sandbuchten, wo fleißig um die Wette gebuddelt wird, aber sicher ist sicher. Die Aussicht aufs Kahlenbergerdorf und die Weinhänge des Leopoldsbergs finden wiederum wir Zweibeiner faszinierend, und so schlendern wir gemeinsam in Flussrichtung dahin.

Nach vier Kilometern macht der Treppelweg eine Linkskurve hinauf auf den Damm,

Yuki hat ihr Rudel zum Spaziergang eingeladen

ein Graspfad führt geradeaus weiter. Wir folgen ihm bergauf und biegen an der nächsten Abzweigung links ab. An einem Metallzaun entlang geht es zur Jedleseer Brücke, die wir überqueren. Drüben halten wir uns links, bleiben aber am oberen Weg bis zur Schilfhütte, der nächsten Einkehrmöglichkeit, falls jemand kurz die Pfoten ausstrecken will. Immer der Nase nach kommt man zum P2-Schild, nach rechts über die Autobahnbrücke und drüben auf dem linken Weg, Am Hubertusdamm wandernd, zurück zum Ausgangspunkt. Jetzt sind endlich auch Yuki und der Rest der Bande etwas müde.

Der Marchfeldkanal: Wasser für unser Gemüse

Aus dem Marchfeld kommen viele österreichische Gemüsesorten. Die besonderen Bodentypen hier bieten ihnen ideale Bedingungen. Doch wegen des pannonischen Klimas und der ausgiebigen Grundwasserrentnahmen der Region gibt es mitunter massiven Wassermangel. 1984 begann man deshalb mit dem Bau des 18 Kilometer langen Marchfeldkanals, der Wasser aus der Donau abzweigt und über den Rußbach, den Obersiebenbrunner Kanal und den Stempfelbach im Marchfeld verteilt. Damit konnte nicht nur das Grundwasser stabilisiert werden, der Kanal wurde auch so naturecht gestaltet, dass sich viele Tier- und Pflanzenarten ansiedelten. Mehr als 50 Fischarten sollen hier bei einer Kanufahrt schon gezählt worden sein. Yuki und ihren Freunden ist das momentan herzlich egal. Sie haben die Geheimnisse des Marchfelds und der oberen Donauinsel gelüftet. Und schlafen. (Text: Isabella Draxler)

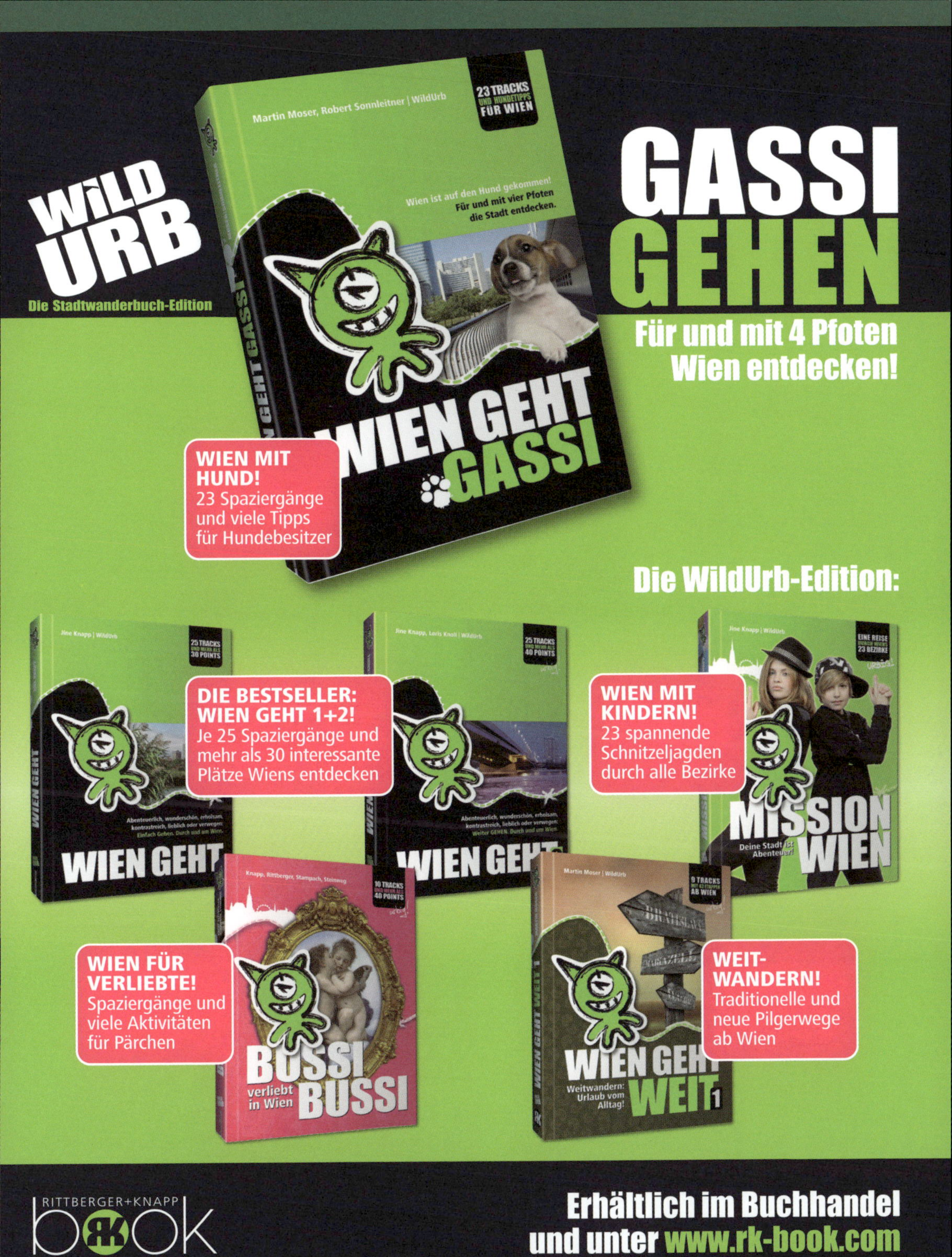
WILD URB
Die Stadtwanderbuch-Edition
Martin Moser, Robert Sonnleitner | WildUrb
23 TRACKS UND HUNDETIPPS FÜR WIEN
Wien ist auf den Hund gekommen!
Für und mit vier Pfoten die Stadt entdecken.
WIEN GEHT GASSI
WIEN MIT HUND!
23 Spaziergänge und viele Tipps für Hundebesitzer
GASSI GEHEN
Für und mit 4 Pfoten Wien entdecken!
Die WildUrb-Edition:
WIEN GEHT
DIE BESTSELLER: WIEN GEHT 1+2!
Je 25 Spaziergänge und mehr als 30 interessante Plätze Wiens entdecken
WIEN GEHT
WIEN MIT KINDERN!
23 spannende Schnitzeljagden durch alle Bezirke
MISSION WIEN
Deine Stadt ist Abenteuer!
WIEN FÜR VERLIEBTE!
Spaziergänge und viele Aktivitäten für Pärchen
BUSSI verliebt in Wien BUSSI
Martin Moser | WildUrb
WIEN GEHT WEIT 1
Weitwandern: Urlaub vom Alltag!
WEIT-WANDERN!
Traditionelle und neue Pilgerwege ab Wien
RITTBERGER+KNAPP book
Erhältlich im Buchhandel und unter www.rk-book.com

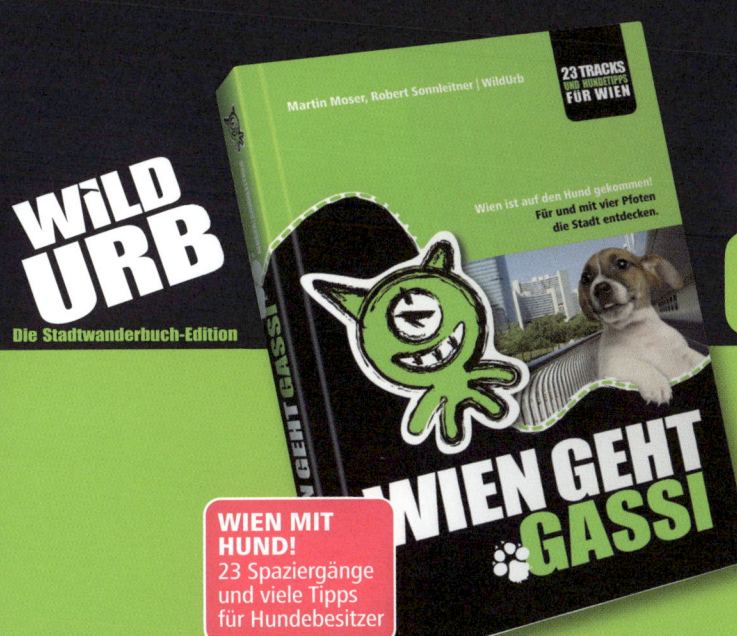

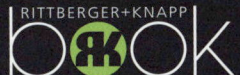

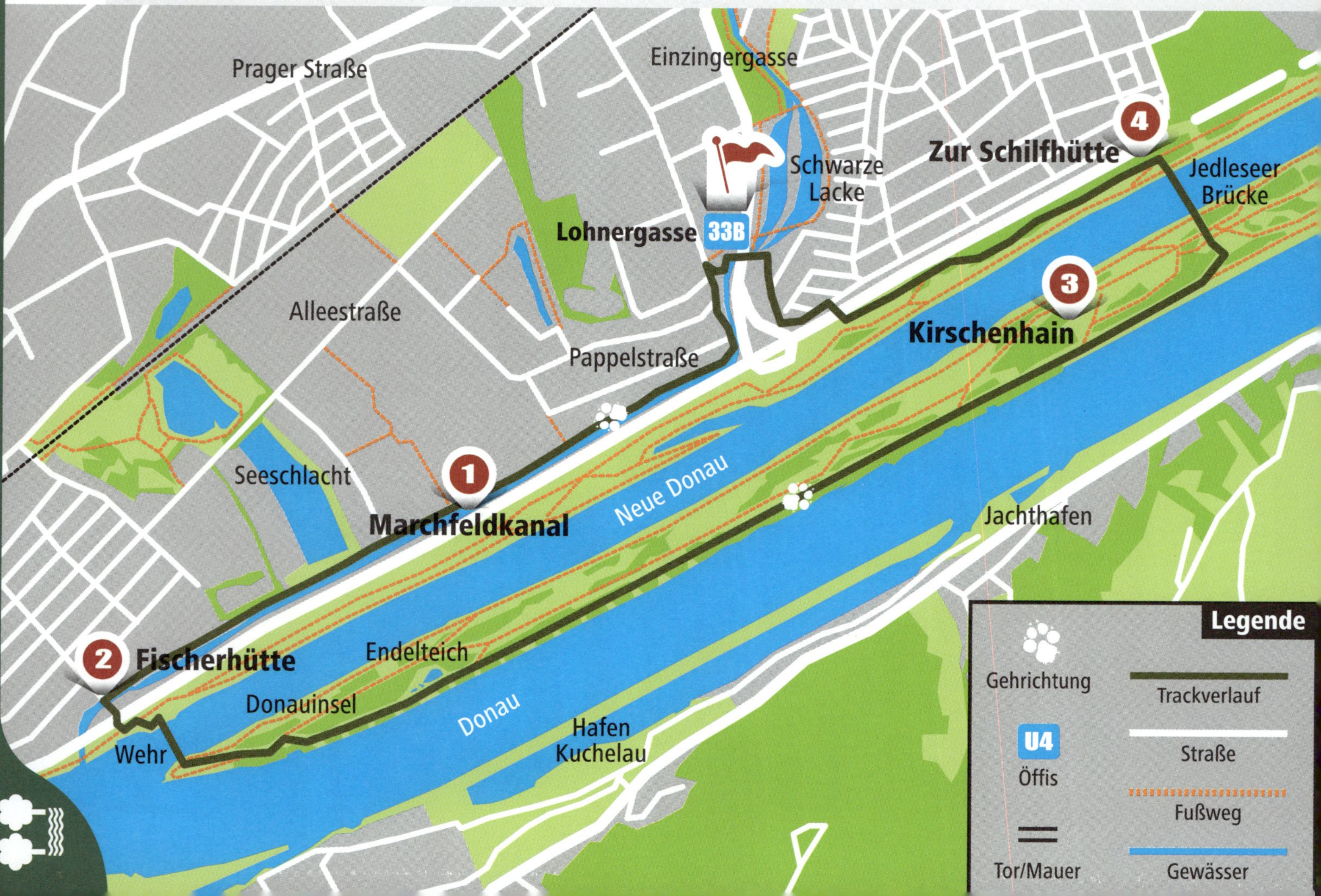

Prager Straße
Einzingergasse
Schwarze Lacke
Zur Schilfhütte
4
Jedleseer Brücke
Lohnergasse
33B
Alleestraße
Pappelstraße
3
Kirschenhain
Seeschlacht
1
Marchfeldkanal
Neue Donau
Jachthafen
2
Fischerhütte
Endelteich
Donauinsel
Donau
Wehr
Hafen Kuchelau
Legende
Gehrichtung
Trackverlauf
U4
Öffis
Straße
Fußweg
Tor/Mauer
Gewässer

An der schönen blauen Donau: Die Strecke ist ideal für wedelnde Wasserratten

Umgebungstipps

Schilfhütte
Öffnungszeiten: Saisonal
1210 Wien, Überfuhrstraße, Neue Donau
Kilometerstand 17,8 – linkes Ufer
Tel.: 01-2713595

Fischerhütte
Öffnungszeiten: Mitte März bis Mitte Oktober
10 Uhr bis 20 Uhr
2103 Langenzersdorf, Barwichgasse 39
Tel.: 0660-1652292

Weitere wunderschöne Spaziergänge für Ihren Vierbeiner finden Sie im Buch „WIEN GEHT GASSI" und auf www.wildurb.at.

Besuch bei Verwandten

Ein Ausflugstipp zu den Vorfahren unserer Hunde

Die Wölfe kamen bereits mit einem Alter von zehn Tagen nach Ernstbrunn und wurden mit der Hand aufgezogen

Ernstbrunn im Weinviertel ist ein Dörfchen wie viele andere. Wäre da nicht dieses Wolfsgeheul. Rund vierzig Kilometer nördlich von Wien wird ein weltweit einzigartiges Forschungszentrum betrieben. Unter der Leitung der Wissenschaftler Friederike Range, Zsofia Viranyi und Kurt Kotrschal

wird hier geforscht. An Timberwölfen, die von menschlicher Hand aufgezogenen wurden, und an Mischlingshunden.

Untersucht wird, wie die Kaniden lernen, und wie sie dabei mit den Menschen und ihren Artgenossen kooperieren. Man vertieft sich in das soziale Verhalten der Tiere, ihr Benehmen im Rudel, ihre Emotionen und Konfliktlösungsstrategien. Ihr logisches Denken beweisen die Tiere in Tests auch am Computerbildschirm. Gemeinsam mit Schülern wird die öffentliche Einstellung zu Wölfen und Hunden hinterfragt. Und nicht zuletzt versuchen die Forscher zu ergründen, warum und wie aus Wölfen unsere Hunde entstanden.

Ausflug in die Wildnis

Das Forschungszentrum mit mehreren Wolfs- und Hunderudeln ist Teil eines großen Wildparks, in dem entsprechend viele unterschiedliche Arten von Gämsen über Steinböcke bis Wildschweine leben und beobachtet werden können. Hirsche und Mufflons kann man sogar in ihrem Gehege besuchen. Beim Spaziergang durch die Anlage dürfen auch Hunde mit, müs-

Stolze Schönheiten: Die Vorfahren unserer Hunde stehen im Mittelpunkt der Forschungsarbeiten

sen allerdings zur Sicherheit an der Leine bleiben.

Führungen sind dabei nur der herkömmliche Teil des Programms. Wer will, kann mit einem Wolf Gassi gehen, dessen Trainer auf diesem Spaziergang viel Wissenswertes über die Tiere und die Forschungsarbeit in Ernstbrunn erklärt. Die Teilnahme an so einem Abenteuer für ein bis zwei Personen kostet 190 Euro, für drei Personen 240 Euro. Die Termine sind oft Monate im Voraus ausgebucht, man muss sich für dieses besondere Erlebnis also eventuell etwas gedulden.

Von März bis November gibt es einmal im Monat die sogenannte Howl Night. In unmittelbarer Nähe der Wölfe bekommt man dabei am Lagerfeuer Wolfsgeschichten zu hören und grillt sich Würstel. Die Teilnahme kostet für Erwachsene 27 Euro, für Kinder von vier bis 16 Jahren 16 Euro.

Wolf Science Center

Dörfles 48
2115 Ernstbrunn
Mail: info@wolfscience.at
Web: www.wolfscience.at
Öffnungszeiten:
Sommer (Palmsonntag bis Allerheiligen):
Dienstag bis Sonntag von 9 Uhr bis 17 Uhr
Winter (Allerheiligen bis Palmsonntag):
Sonn- und Feiertags von 10 Uhr bis 16 Uhr

Buchtipp:

Sie bevölkern seit jeher unsere Mythen und Märchen: Wölfe. Sie waren für den Menschen immer schon Partner und Gegner, Projektionsfläche und Zentrum in der Entwicklung der menschlichen Spiritualität. Kurt Kotrschal beschreibt mit diesem Buch die ambivalente und facettenreiche Beziehung zwischen Wolf und Mensch und rollt die Entwicklungsgeschichte des Hundes neu auf. Er beantwortet die Frage, was Hunde und Wölfe voneinander unterscheidet und liefert wertvolles Hintergrundwissen für einen partnerschaftlichen Umgang zwischen Mensch und Hund.

Kurt Kotrschal, Wolf – Hund – Mensch - Die Geschichte einer jahrtausendealten Beziehung. 22,50 Euro

Vom mobilen Hund zum Hundemobil

Über die artgerechte Haltung vom liebsten Vierbein im liebsten Vierrad

Fest steht: Hunde sind praktisch. Auch für leidenschaftliche Automobilliebhaber. So ist mir ein gar nicht so kleines Grüppchen an Autobesitzern persönlich bekannt, die ihren Hund als Ausrede nutzen, um sich ein sogenanntes Hundeauto anzuschaffen. Es ist meistens ein höchst unvernünftiges, oft groß, dick und schwer, fast immer älter und PS-stark, idealerweise patiniert bis vorversifft, auf dass der Wuffi hier gar nicht mehr viel verschlimmern kann. Ein derartiges Vehikel kriegt man, auch wenn man gar kein Drittauto gebraucht hätte, fast immer bei Frauli (oder Herrli, je nachdem, wer in der Familie autodeppert ist) durch und gibt gar unvernünftige Summen dafür aus. Doch halt, schön der Reihe nach … wo waren wir stehengeblieben?

Richtig, vor der schönen großen Hundewiese, am Waldrand, neben der komfortabelsten Hundezone Wiens (diesfalls: Wien Simmering, Am Kanal oder Wien 10, Löwygrube. Besser und größer geht nicht).

Kofferraum auf und raus mit der schönen Felldame. Die schon die letzten Meter über kaum ruhig zu kriegen war, weil sie ja weiß, wohin das Hundeauto gerade strebt. Und dass es jetzt bald Auslauf gibt.

Vor allem für Innenstädtler ist die gepflegte Gassifahrt ein kaum dem Hund vorzuenthaltendes Privileg, das nach Meinung des Vierbeiners eigentlich stündlich stattfinden dürfte. Weil der Wuff aber meistens nicht navi-fit ist, stellt ihn das bloße Einsteigen ins Auto oft schon brav: Es könnte zumindest theoretisch zum großen Auslauf gehen.

Mein Hund, eine bezaubernde Vizsladame namens Ginger, bevorzugt stets den Kofferraum als ideales Reiseumfeld, was vermutlich auch schon ihrer Größe geschuldet sein dürfte. Oder schlicht dem Faktum, dass sie es seit frühester Jugend nicht anders kannte. Viele Hundeautomobilsten pferchen in den Kofferraum eine

Profi-Hundebox (im Baumarkt und im gutsortierten Tierhandel erhältlich), was allerdings die Variabilität empfindlich einschränkt und die komfortabelsten Kofferräume zu jämmerlichen Zwingern macht. Ginger bevorzugt den guten alten Sitzpolster, auf dem man sich vorzüglich einringeln kann. Ein Gitter über der Rücksitzlehne oder sonst irgendeine feste Abtrennung zum Hunde-Laderaum ist aus Sicherheitsgründen zu empfehlen, weil so ein schwerer Hund schon einmal zum tödlichen Geschoss werden kann, das sich selbst oder jemand anderen entleibt, wenn man wo dagegen kracht. Entsprechendes Zubehör für Ihren Kombi oder Van sollte der Autohändler parat haben.

Sitzt der Hund im Passagierraum, muss man ihn anschnallen, so spricht das Gesetz. Entsprechendes Equipment gibt's im gut sortierten Petshop. Skurriles Detail am

Klappe auf, Hund raus und ab in den Wald

Rande: Volvo- und Saab-gurtschlösser sind mit dem gängigen Zubehör dieser Gattung insofern nur bedingt kompatibel, als dass man sie einmal eingeklickt nie wieder aus dem Gurtschloss rauskriegt. Seltsam, aber wahr ...

Ein Hundeauto heißt Hundeauto, weil man die Spuren des liebsten Vierbeiners meistens schon nach wenigen Fahrten kaum mehr verleugnen kann. Vorteil: Rauchen ist in solchen Fahrzeugen dann auch schon wurscht, Stichwort Geruchsentwicklung. Wer sein Auto trotz regelmäßigen Hundetransports sauber halten will, muss auf jeden Fall vorsorgen – weil man die wenigsten Hundehaare ohne teure, professionelle Unterstützung

nie wieder aus dem Polstermaterial kriegt. Vor allem Hutablagen erholen sich – unten wie oben – kaum jemals wieder von der Hundehaar-Attacke, es sei denn, man verbringt Sonntagnachmittage gerne mit dem Einzelhaarentfernen per Pinzette. Vorsorge bedeutet diesfalls: Decken, Decken und nochmals Decken, fest verspannt, gut verkantet, in alle Ritzen gestopft, und das am besten doppelt bis vierfach.

Autoexperte Franz J. Sauer mit seiner entzückenden Viszlahündin Ginger

Hunde im Auto lassen: jein. Bei einer Außentemperatur zwischen fünf und höchstens fünfzehn Grad Celsius (und dann auch nur im Schatten) zieht man sich dabei bloß den Grant des Vierbeiners zu, außer er ist gut trainiert im Instant-Einschlafen. Ist es kälter oder, am allerschlimmsten, wärmer (und abermals: hier zählt auch direkte Sonneneinstrahlung, die das Auto selbst bei moderaten Außentemperaturen kräftig aufheizt), ist das Hund-im-Auto-lassen nicht nur aus Stimmungsgründen ein No-Go. Kürzeste Zeiten in einem fest aufgebrühten Fahrzeug können für das Tier tödlich sein, da hilft auch der offene Fensterspalt nichts. Und dass Tiere sich trotz Fell feste verkühlen können, wenn sie nicht in Bewegung sind, sollte auch bekannt sein.

Mietautobetreiber schließlich lassen sich das Hundegestatten schön bezahlen, oder aber man bekommt im Nachhinein eine saftige Gebühr für Tiefenreinigung aufgebrummt (das übrigens auch schon, wenn der Vermieter nur ein einziges Härchen im Auto entdeckt und einem damit Vertragsbruch nachweisen kann).

Dass bei einer zünftigen Hunderunde auch Frauerl und Herrl schön dreckig werden können, wird einem dann bewusst, wenn man die vermeintliche Erde an der Schuhsohle am Gaspedal verschmiert und erst bei aufkeimender Geruchsentwicklung feststellt, den perfekten Gackerlsackerlinhalt in der Bergschuhsohle mit sich zu führen. Es empfiehlt sich daher, von Oktober bis April stets Gassi-Schuhwerk extra mitzuführen. Zwar riecht der gute Hundsdreck auch im Sohlenprofil vom Gummistiefel gewöhnungsbedürftig. Aber der von diesem kontaminierte Plastik-Schuhsack im Kofferraum lässt sich weitaus einfacher wieder sauber kriegen als eine zünftig eingesaute Pedallerie. (Text: Franz J. Sauer)

Franz J. Sauer

Franz J. Sauer, 39, ist Musiker, Motorjournalist und Chefredakteur der Plattform autonet.at. Nebenbei ist er passionierter Hundeliebhaber und „in Love with Ginger". Um Beruf und Liebe sozusagen zu kombinieren, beschäftigt er sich zwangsläufig wie tagtäglich mit dem kleinsten gemeinsamen Vielfachen der Begriffe Hund und Auto.

Buchtipp:

The Silence of Dogs in Cars

Fotograf Martin Usborne hat wartende Hunde in Autos porträtiert und daraus einen stimmungsvollen Bildband gemacht. Für das Buch „The Silence of Dogs in Cars" porträtierte der britische Fotograf drei Jahre lang Hunde, die im Auto auf die Rückkehr ihrer Besitzer warten. Die inszenierten Bilder sind berührende Trennungsstudien, sie beschreiben Gefühle von Einsamkeit und Erwartung. Das Ergebnis ist ein Bildband, der Liebhaber von Oldtimern ebenso erfreuen wird, wie Hundemenschen.

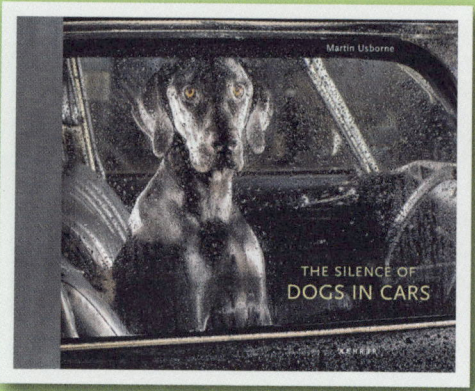

„The Silence of Dogs in Cars", Fotos von Martin Usborne, englische Texte von Susan McHugh, 39,90 Euro

Hund an Bord

Fortbewegungsmöglichkeiten für hündische Beifahrer

Ein Hund wäre vermutlich nie auf die Idee gekommen, das Auto zu erfinden. Wenn er von A nach B will, geht er. Wenn es schneller gehen soll, läuft er. Und wenn er es schon mit einem Gefährt zu tun hat, dann zieht er es. Allerdings hat er es auch mit dem Menschen zu tun und mit seiner Art des Vorankommens. Und weil ein Hund alles liebt, was sein Mensch gern hat, mag er auch das: Boah, Auto fahren, das mag ich am liebsten.

Hunde im Taxi

Als Fahrgast in einem Taxi hat man laut Gesetzgeber das Recht zur „Beförderung von Tieren, sofern diese nicht bösartig oder beschmutzt sind und nicht auf den Sitzplätzen untergebracht werden. Hunde müssen außerdem einen Maulkorb tragen." In der Praxis funktioniert Taxifahren mit Hund in Wien relativ problemlos. Wer bei einer telefonischen Wagenbestellung bei einer Funktaxizentrale Bescheid gibt, dass ein Hund mitkommt, wird an einen Fahrer vermittelt, der Vierbeiner auch wirklich einsteigen lässt. Ob der Hund im Kofferraum Platz nimmt oder im Fußraum untergebracht wird, entscheidet man vor Fahrtantritt mit dem Chauffeur. Wenn man besonderes Glück hat, erwischt man einen der Taxifahrer, dem tierische Fahrgä-

ste lieber sind als menschliche – dort darf Bello dann auch auf den Sitz und staubt manchmal sogar ein Keksi ab. Ist man mit mehreren Hunden unterwegs oder will man mit einem Hund an einem Standplatz ins Taxi einsteigen, ist es in der Regel etwas schwieriger. Dann heißt es durchfragen, bis man einen willigen Taxifahrer findet. Die Konversation kann dabei recht einseitig ausfallen, ein angewidertes Kopfschütteln darf man schon als Redseligkeit auslegen.

Hunde in Mietwagen und beim Carsharing

Autoverleiher sind hundefreundlich, die meisten in Wien genehmigen die Mitnahme des Vierbeiners. Allerdings gibt es ganz unterschiedliche Vorgaben: Manche bestehen auf den Transport in einer Hundebox oder mit Gurt, andere wollen nur eine Decke, viele fürchten, dass ihre Fahrzeuge in jedem Fall verdreckt sein werden und verrechnen extra Reinigungskosten. Es empfiehlt sich also, vor der Buchung genau nachzufragen und den tierischen Beifahrer bereits bei der Bestellung anzukündigen. Die Bewilligung holt man sich am besten schriftlich, weil in manchen Nutzungsbedingungen steht, dass die Mitnahme von Hunden nicht erlaubt ist.

Hier sind tierische Beifahrer willkommen:

Autoverleih:
Alpha Cassio: www.alphacassio.com
Autoquelle: www.autoquelle.at
Mayer: www.autoverleih-billig.at
Buchbinder: www.buchbinder.at
Cash4Car: www.cash4car.co.at
Dr. Hartl: www.drhartl.at
Europcar: www.europcar.at
Flott: www.flott.at
Funcar: www.funcar.at
Hertz: www.hertz.at
Megadrive: www.megadrive.at
Sixt: www.sixt.at

Carsharing:
Stadtcar: www.stadtcar.at
Carsharing: www.carsharing.at
Flinkster: www.flinkster.at
Car2Go: www.car2go.at

Hund im Mietwagen: Mitfahren gestattet, selber fahren nicht

Hunde in Öffis

In der U-Bahn, der Schnellbahn, dem Bus und der Bim gilt Leinenpflicht, und die kalten Schnauzen müssen in einen Maulkorb gesteckt werden. Jahreskartenbesitzer können den Hund gratis mitnehmen, für Einzelfahrten braucht Wasti einen ermäßigten Halbpreis-Fahrschein. Kleine Hunde werden in den Wiener Öffis bevorzugt behandelt: In einem tiergerechten Transportbehälter dürfen sie schwarz fahren.

Hunde im Zug

Wer die Stadt auf Schienen verlässt, darf den Wauzi mitnehmen. Bei den ÖBB und der Westbahn brauchen große Kaliber einen ermäßigten Fahrschein, einen Maulkorb und die Leine. Die Kleinen werden auch hier bevorzugt: Wenn sie in einem Behältnis mitreisen, brauchen sie kein Ticket. Bei der Westbahn zahlen Hunde nur einen Euro – egal, welche Strecke sie fahren –, da können sich die ÖBB noch was abschnuppern. In den Schlaf- oder Liegewagen dürfen Hunde nur, wenn das Abteil zur alleinigen Nutzung gebucht wird. Und auch da dürfen sie sich bloß auf der mitgebrachten Hundedecke ausbreiten. Der Speisewagen ist zum Leidwesen hungriger Hunde Menschenterritorium.

Nie wieder allein daheim

Eine Art Hundekindergarten

Man weiß beim besten Willen nicht, wo ein Hund anfängt und der andere aufhört. Es ist ein buntes, flauschiges Rudel, das da durch die Räume wuselt. Die ordentlich nebeneinander aufgereihten Hundebettchen sind um diese Tageszeit leer. Ein paar Faule lümmeln auf dem geräumigen Sofa. Hier wurde eindeutig für hündische Bedürfnisse eingerichtet.

Rudelführer Franz

Franz Wodak kümmert sich um die zwei- und die vierbeinige Kundschaft. Die Besitzer berät er,

die Hunde betreut er. Beides mit viel Erfahrung, Gespür und Konsequenz. Und dann gibt es im Jederhund-Team noch das hauseigene Begrüßungskomitee: Kampfschmuser Snoopy und Herzensbrecher Timon.

Die Tagesbetreuungsstätte für Hunde in der Argentinierstaße 7 im vierten Bezirk hat im Oktober 2013 ihre Pforten geöffnet. Seither spielen, toben, fressen und schlafen hier Hunde, während ihre Besitzer ihre Arbeit machen. Dass die meisten ganz gern tauschen würden, liegt an der Chefin des Hauses, Irene Wodak. Als Wohlfühlexpertin und Stilberatin hat sie einen guten Job geleistet; man möchte hier Hund sein.

Jederhund bietet persönliche Betreuung für Hunde im artgerechten Rudel an. Wer sich wegen unaufschiebbarer Termine oder Krankheit nicht um seinen Vierbeiner kümmern kann, bekommt hier, was der Hund braucht, und kann ohne schlechtes Gewissen sicher sein, dass Wasti dabei tierischen Spaß hat. Der Spaß ist allerdings

nicht ganz billig: Eine Ganztagsbetreuung kostet 42 Euro. Dafür kann man sich darauf verlassen, dass der Wuff liebevoll und hundegerecht verwöhnt und umsorgt wird. Und zwar genau so, wie es ihm entspricht. Individuelle Bedürfnisse werden anstandslos berücksichtigt, und das ist verdammt viel wert. Wie der Name schon vermuten lässt, sind hier alle Hunde willkommen, ganz egal, welcher Rasse sie abstammen.

re Urlaubsbetreuung oder eine Übernachtung daheim beim Jederhund-Team. Um auf die eigenen beiden, Timon und Snoopy, Rücksicht zu nehmen, werden jeweils nur ein bis zwei Gasthunde in die Familie integriert. Das Rudel in der Tagesstätte ist auf sechs bis sieben Hunde beschränkt. Mehr Hunde würden eine individuelle Betreuung nicht mehr zulassen.

Eine Gemeinschaft braucht natürlich Regeln, und die sind bei Jederhund wohl überlegt. Neue Rudelanwärter werden bei einem Ersttermin näher beschnuppert, um ihre soziale Verträglichkeit zu überprüfen. Franz hat aber schon festgestellt, dass Macken, die Hunde bei ihrem Frauerl oder Herrl zeigen, im Jederhund-Umfeld oft gar nicht vorkommen und sich die Vierbeiner gerne in die von ihm geführte Gruppe integrieren.

Für brave Hunde gibt es ein Leckerli von Irene Wodak

Bewegtes Programm

Ist das Tagesrudel komplett, geht es mit dem Hundemobil raus aus der Stadt in die Natur. Auf Waldwegen, Wiesen und Feldern wird mindestens eineinhalb Stunden lang nach Lust und Laune geschnüffelt, gewandert und gespielt. Franz hält sich dabei an die Leinenpflicht in Wien und Niederösterreich. Sechs, sieben Hunde an der Leine zu führen, stellt man sich als ziemliche Herausforderung vor. Bis man Franz gesehen hat. Er hat ein eigenes System mit Gurten und Karabinern entwickelt, das gut funktioniert.

Sieben-Tage-Service

Durch die zentrale Lage ist die Tagesstätte mit dem Auto und den Öffis gut erreichbar. Für einen Aufpreis kann der Hund auch von zu Hause abgeholt und wieder heimgebracht werden. Franz und Irene bieten ihr Service an sieben Tagen der Woche an und lassen ihre Klientel auch an Feiertagen nicht im Stich. Und auch sonst ist alles Mögliche möglich, zum Beispiel eine länge-

Rudelführer Franz Wodak beim Hunde-müde-machen

Wieder in den Jederhund-Räumlichkeiten wird es nach dem Ausflug plötzlich ganz ruhig. Jetzt steht Fressen, Schlafen und Kuscheln auf dem Programm. Am Nachmittag geht es noch einmal hinaus zum nahen Resselpark oder in ein eingezäuntes Gelände, das Franz extra mietet, damit die Hunde auch ohne Leine im Freien toben können. Spielzeug wird nur kontrolliert eingesetzt, um Rangeleien und Besitzanspüche zu verhindern. Auch die Hundebettchen sind nicht fix vergeben. Dieses Revier ist für Jederhund da.

Wie wohl sich die Jederhund-Gäste fühlen, merkt Franz spätestens beim nächsten Be-

such, die Begrüßung ist durchwegs stürmisch. Dasselbe hoffen die Hundebesitzer beim Abholen insgeheim auch. Nach so einem hündischen Wohlfühltag ist man aber gern bereit, ein bisschen zu zittern, ob der eigene Hund auch wirklich wieder mit nach Hause kommt.

Jederhund

Argentinierstraße 7
1040 Wien
Tel.: 0660-4646157
Mail: willkommen@jederhund.at
Web: www.jederhund.at

Gesittete Hunde

Teilzeitfrauerl und Ersatzherrchen: Hundebetreuung auf Zeit

Es gibt Menschen, die sechs Beine haben. Vier davon gehören ihrem Hund, aber sie gehen immer bei Fuß mit ihrem Besitzer. Außer wenn er auf Dienstreise gehen muss. Oder im Krankenhaus liegt. Niemand kann ein ganzes Hundeleben lang rund um die Uhr für seinen Vierbeiner da sein. Frauerl oder Herrl können natürlich durch niemanden ersetzt werden. Mit guter Vorbereitung kann man dem Hund die eigene Abwesenheit und den Aufenthalt im Gastdomizil aber etwas erträglicher machen. Egal ob beim Dogwalker, in der Hundepension oder mit einem Sitter.

Schnell geht gar nichts

Kein Hund hat es gern, wenn er von heute auf morgen einer gänzlich fremden Person überlassen wird. Im Idealfall bekommt er bei vertrauten Menschen aus dem Familien- oder Freundeskreis Kost, Logis, Auslauf und die gewohnten Streicheleinheiten. Soll er bei einem professionellen Dogsitter oder in einer Pension bleiben, sollte man den Hund auf jeden Fall langsam und schrittweise an die Situation gewöhnen. Am Anfang kommt man nach kurzer Zeit wieder. Auf die Art lernt er: Wenn ich hier bin, kommt mein Mensch mich auch sicher wieder abholen.

Gewohntes und Vertrautes

Packen Sie ein paar vertraute Gegenstände ein. Mit seiner müffelnden Kuscheldecke oder dem sorgfältig angeknabberten Lieblingsspielzeug fühlt der Hund sich woanders gleich viel wohler. Auch ein Kleidungsstück mit Ihrem Geruch im Körberl kann helfen, die Sehnsucht erträglicher zu machen. Hat man einen routinierten Tagesablauf mit fixen Fütterungszeiten und Gassigängen, muss der Hundesitter nicht erraten, wann sein Gast hinaus muss und wann ihm der Magen knurrt.

Napfinhalt und Giftalarm

Teilzeitfrauerl oder Ersatzherrli sollte mit dem gewohnten Futter in üblicher Menge und allen Informationen über Unverträglichkeiten und Allergien ausgestattet werden. Besonders wenn Personen mit wenig Hundeerfahrung aufpassen, sollte auch über Stoffe informiert werden, die für Hunde böse enden können. Ein lieb gemeintes Riesenstück Schokolade kann fatale Folgen haben. Zur Sicherheit überprüft man auch, ob in Haus und Garten giftige Stoffe wie Rattengift oder Pestizide vorhanden sind.

Schrullen und Macken

Ihr Hund jagt Schmetterlinge, verschluckt Socken oder kann weiße Hunde nicht ausstehen? Angewohnheiten, die einem daheim inzwischen ganz normal vorkommen, können den Hundesitter erstaunen. Besser, man bereitet ihn darauf vor.

Haftungsfragen

Mit der Versicherung, bei der man die Haftpflicht für den Hund abgeschlossen hat, sollte man klären, ob sie auch bei einem Schadensfall unter Fremdbetreuung einspringt. Hier gibt es große Unterschiede zwischen einer gewerblichen Betreuungseinrichtung und Privatpersonen aus dem Familienkreis.

Mit vertrauten Gegenständen fühlt der Hund sich woanders gleich viel wohler

Was Sie dem Betreuer mitgeben sollten:

- Impfpass
- Chipnummer
- Kontaktdaten des behandelnden Tierarztes
- Notfallnummer der Tierrettung und Tierklinik
- Kontaktdaten an Ihrem Aufenthalt und von vertrauten Personen in der Nähe
- Medikamente, die der Hund einnehmen muss

Gute Nacht, Bello

Das 25hours Hotel beim Museumsquartier

Man macht schon einen ordentlichen Zirkus hier. Was insofern nicht ganz so erstaunt, weil schon eine Leuchtschrift auf dem 25hours Hotel beim Museumsquartier ankündigt: „We are all mad here". Das

rein gar nichts am Hut. Das mit dem Zirkus ist deshalb auch wörtlich gemeint, wie man in den Zimmern sieht. Bello schnuppert hier tatsächlich Zirkusluft. Oder streckt relaxt alle viere von sich.

Das 25hours Hotel beim Museumsquartier ist zentral gelegen, ein optimaler Startpunkt für Sightseeing-Touren. Damit man sich nicht schon auf dem Weg zum Stephansdom die Füße und Pfoten platt läuft

Keine Sorge, Hundebesitzer müssen mit ihrem Hund nicht in einer Manege übernachten. Das 25hours Hotel ist bloß ein Hotel mit viel Fantasie. Man spielt mit den Träumen und Sensationen der Zirkuswelt und inszeniert sie neu. Jedes Zimmer in den sieben Stockwerken ist anders gestaltet. Bello kann also öfter kommen. Er wird sich nie langweilen. Vor allem wird er in diesem Hotel nie allein sein, was aus seiner und unserer Sicht das Wichtigste ist. Bello darf natürlich auch mit ins Restaurant. Dass es dort herrliche italienische Küche mit amerikanischem Einschlag für Zweibeiner gibt, ist gut, aber dabei sein ist alles.

Verrückte ist: Mit herkömmlichem Hotelstaub haben die 25hours-Leute

Zirkus ist Programm. Tiere gehören zum Geschehen. Dass Hunde in der Ho-

Einmal im Bett liegen dürfen, da machen die Vierbeiner Cindy und Hubbell gleich viel lieber beim Shooting mit

tellobby beim Einchecken herumliegen und auch einmal Haare lassen können, bringt hier niemanden aus der Ruhe. Man räumt sie einfach weg, ohne großes Geknurre. Futter- und Wasserschüssel und ein Bettchen für Bello muss man nicht mitschleppen, es ist auf Anfrage alles vorhanden. Den Aufpreis von 15 Euro zahlt man gern, wenn man als Hundebesitzer herrlich entspannen kann. Auch beim kühlen Long Drink auf dem Dachboden, wo man es sei-

nem Liebling nach einem langen Sightseeing-Tag gleichtut und auch alle viere von sich streckt.

25hours Hotel

Lerchenfelder Straße 1-3
1070 Wien
Tel.: 01-521510
Mail: wien@25hours-hotels.com
Web: www.25hours-hotels.com

Mit Bello im Doppelzimmer

Hotels für Hundemenschen

Schon das Kofferpacken ist mit Hund komplizierter. Erstens, weil er einem zuschaut und sicher ist, dass man ihn verlässt. Zweitens, weil man Dinge einpacken muss, die man sonst nicht braucht. Festes Schuhwerk, Ersatzhosen gegen den Gatsch, einen Fusselroller gegen die Hundehaare, eine Futter- und Wasserschüssel, das Futter, eine Decke, einen Beißkorb und das Quietschpupperl. Und das alles will man dann auch in einem Hotelzimmer abstellen.

In Wien ist das in vielen Hotels möglich. In manchen muss man aber das ganze Zeug erst gar nicht mitschleppen, weil es zum Hotelservice gehört. Dort ist der Hund nicht nur als Gast mit, dort ist er König. Wir haben Hotels ausgesucht, die ein Hundebett, dazu eine Futter- und Wasserschüssel für Bello parat haben. Dieser hundefreundliche Service ist im Zimmerpreis allerdings nicht inkludiert, man muss 10 bis 30 Euro draufzahlen. Sechs Hotels in unterschiedlichen Preisklassen:

Le Méridien
Opernring 13
1010 Wien
Tel.: 01-588900
Mail: info.vienna@lemeridien.com
Web: www.lemeridienvienna.com

Hotel Franzenshof
Große Stadtgutgasse 19
1020 Wien
Tel.: 01-2166282
Mail: info@hotel-franzenshof.at
Web: www.hotel-franzenshof.at

Hotel am Schottenfeld Wien
Schottenfeldgasse 74
1070 Wien
Tel.: 01-5099113000
Mail: reservierung.wien@falkensteiner.com
Web: www.falkensteiner.com

Hotel Donauwalzer Wien
Ottakringer Straße 5
1170 Wien
Tel.: 01-4057645
Mail: info@donauwalzer.at
Web: www.donauwalzer.at

Arcotel Kaiserwasser
Wagramer Straße 8
1220 Wien
Tel.: 01-224240
Mail: kaiserwasser@arcotelhotels.com
Web: www.arcotelhotels.com

Hotel Sacher Wien
Philharmonikerstrae 4
1010 Wien
Tel.: 01-514560
Mail: wien@sacher.com
Web: www.sacher.com

Berühmte Hunde- narren

Pimperl-Geschichten und andere Anekdoten

Um den Pimperl kümmerte sich jeder im Hause Mozart. Und nicht nur um ihn, außer dem Foxterrier lebte im Komponistenhaushalt immer ein ganzer Haufen Tiere. Wer Ariane Tueni zuhört, hat das Gefühl, die Fremdenführerin sei im Wohnzimmer der Mozarts ein und aus gegangen. Sie erzählt, dass Mozart seine Hunde liebte und Mozarts Mutter der Dienstmagd Thresel in einem Brief mitteilen lässt, sie möge „den Pimperl fleißig brunzen führen". Es war fein, 1777 ein Hund zu sein.

Auch Kaiserin Elisabeth hofierte ihre Doggen und nahm Oscar und Shadow gerne auf ihren Ausritten mit. Maria Theresia hatte sich in Kleinere verschaut und hielt sich Schoßhündchen, die sie ebenso vergötterte wie verwöhnte. Hunde waren in Wien immer schon präsent, sie wurden gehätschelt, zur Jagd mitgenommen oder mussten als Arbeitshunde Milchwagen und Karren durch die Stadt ziehen. Einmal wollte man in Schönbrunn sogar einen Hund verfüttern, erzählt Ariane Tueni: „Da gab es einen Leoparden. Er war krank, hatte ein verletztes Auge und wollte nicht mehr fressen. Da hat man sich einge- bildet, man muss ihm etwas Lebendiges zum Fressen geben, damit seine Geister wieder erwachen. Im 18. Jahrhundert hat man das rohe Fleisch vom Fleischhauer geholt, und weil der gerade einen Wurf junger Rottweiler hatte, beschloss man, einen der Welpen zu verfüttern. Kaum im Käfig, ist der Kleine furchtlos auf den Leoparden zugegangen und hat ihm das Auge abgeschleckt. Von diesem Moment an waren die beiden eng befreundet. Die Leute sind in Scharen nach Schönbrunn gekommen, um sich das anzuschauen."

Mehr illustre Geschichten von Ariane Tueni gibt es, wenn man mit ihr durch die Stadt geht und sich Portale, Gemälde und Fotos zeigen lässt – alle mit Hund natürlich.

Drei Stationen aus der Stadtführung „Wien – auf den Hund gekommen":

Figarohaus in der Domgasse 5, 1010 Wien. Hier hat Mozart mit seinem Hund „Gauckerl" gewohnt, der Nachfolger von Pimperl.

Zwei Windhunde am Palais Fürstenberg, die Geschichten dazu erzählt Ariane Tueni bei ihrer Stadt-
führung

Palais Fürstenberg in der Grünangergasse 4/Domgasse 10, 1010 Wien. Man kann zwei wunderschöne Windhunde in den Gemäuern bewundern. Ariane Tueni erzählt hier Geschichten von den Jagdhunden im Mittelalter.

Hofburg in der Michaelerkuppel, 1010 Wien. Hier hört man amüsante Geschichten von Maria Theresia.

Ariane Tueni

Stadtführungen
„Wien – Auf den Hund gekommen"
Tel.: 0664-2638388 oder 01-4312764877
Mail: ariane.tueni@chello.at
Treffpunkt:
Stephansplatz/Ecke Jasomirgottstraße
1010 Wien

Auf den Spuren der berühmtesten Wiener Schnüffelnase

Die Kommissar Rex-Tour

Kommissar Rex ist der bekannteste Hund Wiens. Und das obwohl die Fernsehserie, die sich von Wien aus in die ganze Welt verkauft hat, ein Hit der 1990er Jahre war. Bis 2004 waren die drei Schäfer, die den Polizeihund gespielt haben, im Dienst, seither steht die Serie aber immer wieder auf dem Programm. Man braucht auf Rex allerdings auch dann nicht verzichten, wenn er im Fernsehen Sendepause hat. Mit der Wiener Fremdenführerin Gabriele Buchas kann man die Orte beschnüffeln, an denen der berühmte Polizeihund die Bösewichte gestellt hat. Wer seinem eigenen Vierbeiner zeigen will, was man als Hund so alles draufhaben kann, darf ihn gerne auf die Kommissar Rex-Tour mitnehmen. Wenn er mehr sehen will: Die DVDs der Serie sind noch im Handel.

Drei Fan-Stationen:

Die Wiener Secession in der Friedrichstraße 12, 1010 Wien. Die Kuppel, die man gern goldenes Krauthappel nennt, kennt jeder Rex-Fan aus dem Vorspann der Serie.

Das Haas Haus am Stephansplatz 12, 1010 Wien. Ein denkwürdiger Moment am Dach. Dort wird Rex' erstes Herrchen getötet. Kommissar Moser (Tobias Moretti) erfährt davon und nimmt sich des verwaisten Hundes an.

Das Cafe Ministerium am Georg-Coch-Platz 4, 1010 Wien. Hier kann man Kaffee trinken, wo der Polizeihund vor der Kamera stand.

Buchungen bei:
Gabriele Buchas
Stadtführungen
Tel.: 0664-1732605
Web: www.wiensehen.at

Bello auf Touristenpfaden
Stadtrundgang und Schnüffeltour

Vom Baum zum Grashalm, hinüber zum Haufi, vorbei an der Laterne, weiter zum Autoreifen, und diese Ecke dort kennt man überhaupt noch nicht. So stellen sich Hunde eine Citytour vor: Schnüffel-Sightseeing. Für einen Hund können wir also keinen Stadtrundgang planen. Aber für Frauchen und Herrchen, die mit Hund unterwegs sind und etwas entdecken wollen. Spaziergänge durch die Stadt können ja für Mensch und Tier interessant sein, und immer wieder findet sich auch auf einem Touristenpfad ein Grashalm.

Gleich vorweg die schlechte Nachricht: Bello darf nicht in die großen Museen, nicht in den Tiergarten Schönbrunn, nicht in den Schlosspark Schönbrunn und auch nicht in Kirchen. Die gute Nachricht: Ansonsten ist man in Wien durchaus auf Hunde eingestellt, man sollte nur überall die Beißkorb- und Leinenpflicht beachten. Wir haben ein paar spannende Möglichkeiten ausgewählt, was sich in der Stadt gut besichtigen und wo es sich sogar mehrere Stunden aushalten lässt.

Rathausplatz

Auf dem Platz vor dem Wiener Rathaus wird viel Programm geboten. Im Sommer stehen hier Stände, die kulinarisch fast um die ganze Welt führen. Am Abend gibt es Sommerkino unter freiem Himmel. Zur Weihnachtszeit kann man durch den bekanntesten Wiener Christkindlmarkt schlendern. Hier kann man auch Silvester feiern. Walzertanzen, Glücksbringer kaufen, Punsch und Glühwein sind beim Wiener Silvesterpfad Programm. Im neuen Jahr verwandelt sich der Rathausplatz dann in einen Eislaufplatz. Vor dem Lärm und dem Gedränge kann man mit dem Hund zwischendurch bequem in den Park ausbüchsen.

Rathausplatz, 1010 Wien
Programm und Öffnungszeiten:
www.wiener-rathausplatz.at

Naschmarkt

Man kann hier gemütlich durch einen historisch erhaltenen Markt schlendern, der mit seinen vielen unterschiedlichen Verkaufsständen multikulturelles Flair verbreitet. Der bekannteste Markt der Stadt hat für alle was, von indisch bis wienerisch. Lokale aller Art und Delikatessen für jeden Geschmack. Berühmt ist der Naschmarkt auch wegen seines Ausblicks auf die umliegenden historischen Häuser. Die Hunde gehen einfach der Nase nach, mehr verschiedene Gerüche gibt es fast nirgends in der Stadt.

Naschmarkt, 1060 Wien – zwischen Linker und Rechter Wienzeile
www.wienernaschmarkt.eu

Wiener Prater

Tradition und Nervenkitzel. Der Prater, einst kaiserliches Jagdrevier ist heute ein Vergnügungspark mit zahlreichen Attraktionen. Über allem das Riesenrad. Einst zum 50. Thronjubiläum von Kaiser Franz Joseph I. errichtet, heute eine Sehenswürdigkeit, die sich nicht nur bewundern lässt, sondern auch einen schönen Blick über die Stadt bietet. Gleich daneben, beim Würstelstand Bitzinger, kann man eine klassische Wiener Tradition kennenlernen. Im Schweizerhaus (Prater 116), eine Wiener Gaststätte mit Garten, die aus dem Prater nicht wegzudenken ist, bekommt man unter anderem die besten Schweinsstelzen der Stadt. Der Verdauungsspaziergang ist im Pratergelände jedenfalls kein Problem. Hier kann man solange mit dem Hund durch die Hauptallee und durch die größte Hundeauslaufzone Wiens (Kaiserallee/Rustenschacherallee) gehen, bis die kalorienreiche

Hunde dürfen hier nicht mitfahren, kein Problem, diese Katzen-Attraktion hätte ein Hund auch nicht erfunden. Aber solange es Frauchen Spaß macht, sieht der Hund darüber hinweg

Wiener Charme auch für Vierbeiner

Sünde verbrannt ist. Der Hund kann sogar schwimmen.

Wiener Prater
1020 Wien
Öffnungszeiten: Vom 15. März bis 31. Oktober ist der Wurstelprater geöffnet. Täglich. Je nach Wetterlage von 10 Uhr bis 1 Uhr Früh. Man kann natürlich das ganze Jahr über mit dem Hund spazieren gehen und auch in die Hundezone.
Web: www.prater.at
Web: www.wienerriesenrad.com

Fahrt mit der Vienna Ring Tram

Sightseeing auf Schienen. 25 Minuten fährt man entlang der Ringstraße und vorbei an allem, worauf die Wiener stolz sind: Staatsoper, Hofburg, Parlament, Rathaus, Burgtheater, Universität, Börse und viele repräsentative Palais. Die Führung wird in mehreren Sprachen abgehalten.

Vienna Ring Tram
Abfahrt: Haltestelle Schwedenplatz
Fahrzeiten: im 30 Minuten Intervall täglich
von 10 Uhr bis 18 Uhr. Letzte Abfahrt vom
Schwedenplatz um 17.21 Uhr.
www.wienerlinien.at

Fahrt mit dem Bus

Wien mit dem Cabrio-Bus von oben entdecken. Bei der Red Bus City Tour sieht man
in eineinhalb Stunden die wichtigsten Sehenswürdigkeiten dieser Stadt. Die Führung wird in 23 Sprachen angeboten.

Red Bus City Tour
Abfahrt: Albertinaplatz 1, 1010 Wien, vor
dem Cafe Mozart
Fahrzeiten: Sommer (1.4.–1.11.) stündlich
zwischen 10 und 18 Uhr, Winter (2.11.–
31.3.) um 11, 13 und 15 Uhr.
www.redbuscitytours.at

Heurigenfahrt mit Wiener Liedern

Mit dem Schiff über die Donau schippern,
typische Wiener Schmankerl essen und
zu Wiener Liedern schunkeln. Dieses Programm ist vielleicht für Hundeohren zu
laut, aber man kann sich für diese Ausnah-
me bei seinem Vierbeiner mit einem extra
langen Spaziergang entlang der Donau ent-
schuldigen.

DDSG Blue Danube
Abfahrt: Schiffanlegestelle Wien/City,
Schwedenplatz, 1010 Wien
Info: Eine Buchung ist notwendig.
Tel.: 01-58880
Mail: info@ddsg-blue-danube.at
Web: www.ddsg-blue-danube.at

Wien zu Fuß

Ein Rundgang durch die Innenstadt ist ganz in Bellos Sinn, insbesondere, weil wir keine Hundezonen auf der Strecke ausgelassen haben. Mit Hund im Schlepptau kann man die historischen Gebäude, Kirchen und Museen nur von außen bewundern, aber ihm genügt das ja. Falls wer fragt, wir verzichten bei den Sehenswürdigkeiten auf Vollständigkeit. Wir haben einfach eine nette Stadtrunde geplant.

Der große Stadtrundgang

Man startet bei der Secession (Friedrichstraße 12). Das Ausstellungshaus wurde nach Entwürfen des Otto-Wagner-Schülers Joseph Maria Olbrich 1898 erbaut und erstrahlt mit seiner wunderschönen goldenen Blätterkuppel, die der Wiener das goldene Krauthappel nennt.

Wann geht's weiter mit dem Rundgang durch Wien?

Dann überquert man die Wienzeile, an deren Seite sich der Naschmarkt (Wienzeile) mit seinen Ständen und der Lokalmeile befindet. Wer Lust hat, kann sich hier treiben lassen oder gleich in ruhigere Gefilde abtauchen, den Rosa Mayrederpark entlang wandern, am Kunsthallen Cafe (Treitlstraße 2) vorbeigehen oder einen Kaffee trinken. Ein paar Schritte weiter, im Resselpark (Karlsplatz, links der Maderstraße) findet man eine Hundezone.

Weiter geht es zum Karlsplatz, wo man das Jugendstiljuwel von der Weltausstellung 1873, den Otto Wagner Pavillon, und die Karlskirche findet. Sie ist eine der bedeutendsten barocken Kirchenbauten und ein Wahrzeichen Wiens.

Weiter geht's auf der Maderstraße in die Brucknerstraße, dann kommt man zum Schwarzenbergplatz, einem der zentralen Plätze Wiens. Beim Hochstrahlbrunnen fädelt man in die Traungasse ein, weiter in die Lisztgasse, zur Lothringerstraße, wo einen ein Grünstreifen Richtung Stadtpark leitet. Dort steht auch das meistfotografierte Denkmal, der vergoldete Johann Strauss, aber leider ist im Park Hundeverbot. Man kann auf die Hundezone der Wienflußpromenade ausweichen und kommt schließlich zum Stadtpark.

Sehenswürdigkeiten auf acht Beinen

Man verlässt den Park an der linken Seite und überquert den Parkring in die Zedlitzgasse, die in die Schulerstraße mündet. So gelangt man direkt ins Herz von Wien, auf den Stephansplatz zum Stephansdom (Stephansplatz 3). Er ist einer der wichtigsten gotischen Bauwerke in Österreich, die Wiener nennen ihn liebevoll Steffl. Im Nordturm hängt die Pummerin, die zweitgrößte freischwingend geläutete Kirchenglocke Europas. Gegenüber ist das Haas-Haus, es war das erste große Warenhaus in Wien.

Dann biegt man links in den Graben ein, wo die Wiener Pestsäule (Graben 26) steht. Eine Dreifaltigkeitssäule, die 1679 nach einer Pestepidemie errichtet wurde. Hier ist Fußgängerzone, und viele Geschäfte säu-

men den Weg. Auf dem Kohlmarkt stolpert man über eine Nobelboutique nach der anderen, ohne Hund würde man vielleicht in sie stolpern. Hat man das Ende vom Kohlmarkt erreicht, ist man auf dem Michaelerplatz und umgeben von touristischen und architektonischen Gustostückerln. Das Looshaus (Michaelerplatz 3) von Adolf Loos, das als Baudenkmal der frühen Moderne gilt, die römischen Ausgrabungen in der Platzmitte, die Michaelerkirche (Habsburgergasse 12) und die Hofburg (Michaelerkuppel), die ehemalige Kaiserresidenz. Die weitläufige Burganlage war bis 1918 das politische Zentrum der Monarchie. Hier ist auch die Spanische Hofreitschule (Michaelerplatz 1). Die einzige Institution der Welt, an der die klassische Reitkunst in

HUNDLICHES
REISEGEPÄCK

Auch abseits der Touristenpfade gibt es in dieser Stadt viel zu entdecken, was der Vierbeiner wohl in diesem Bild sieht?

der Renaissancetradition der „Hohen Schule" unverändert weiter gepflogen wird.

Danach geht man über die Schauflergasse Richtung Ballhausplatz zur Präsidentschaftskanzlei (Hofburg, Ballhausplatz). Gegenüber befindet sich das Bundeskanzleramt (Ballhausplatz 2). Wer schräg über den Ballhausplatz geht, kommt zum Heldenplatz und zu einer Hundezone.

Von dort überquert man den Dr. Karl-Renner-Ring und steht vorm Parlament (Dr. Karl-Renner-Ring 3). Ein paar Schritte weiter beginnt der Universitätsring, an dem links das Wiener Rathaus und der Rathausplatz (Rathausplatz), rechts das Burgtheater (Universitätsring 2) liegt. Ein

paar Meter weiter, und man steht vorm Café Landtmann (Universitätsring 4), wo man, bevor man hineingeht, noch einen Blick auf die Wiener Universität direkt gegenüber wirft. Im Landtmann, einem typischen Wiener Kaffeehaus mit viel Tradition, lässt man den Tag ausklingen und ruht Füße und Pfoten aus.

Wien-Führungen mit Fremdenführern:

www.wiensehen.at

Hundezonen:

www.wien.gv.at/umwelt/parks/
hundezonen.html

Gesetz & Ordnung
Politik & Soziales

Der Hund hat viele Rechte, aber nicht immer recht. Wir haben uns vom Großstadtdschungel in den Gesetzesdschungel begeben und die wichtigsten Rechte und Pflichten für Wiener Hundehalter zusammengetragen. In Wien gibt es eine Menge Hunde, die harte Arbeit leisten und tagtäglich zum Dienst anwedeln. Wir wollten natürlich wissen, was die alles können und leisten. Früh übt sich, wer ein echter Hundeexperte werden will, aber wo können Kinder den richtigen Umgang mit Hunden lernen? Wir haben die Prüfung zum freiwilligen Hundeführerschein abgelegt, haben nachgefragt, was unsere Stadtpolitiker über die vierbeinigen Wiener zu sagen haben, und uns umgesehen, wo sozial bedürftige Menschen und ihre besten – und manchmal auch letzten – Freunde Hilfe bekommen.

Hundstrümmerl, Leinenpflicht und Hundezonen

Wien und seine Hunde

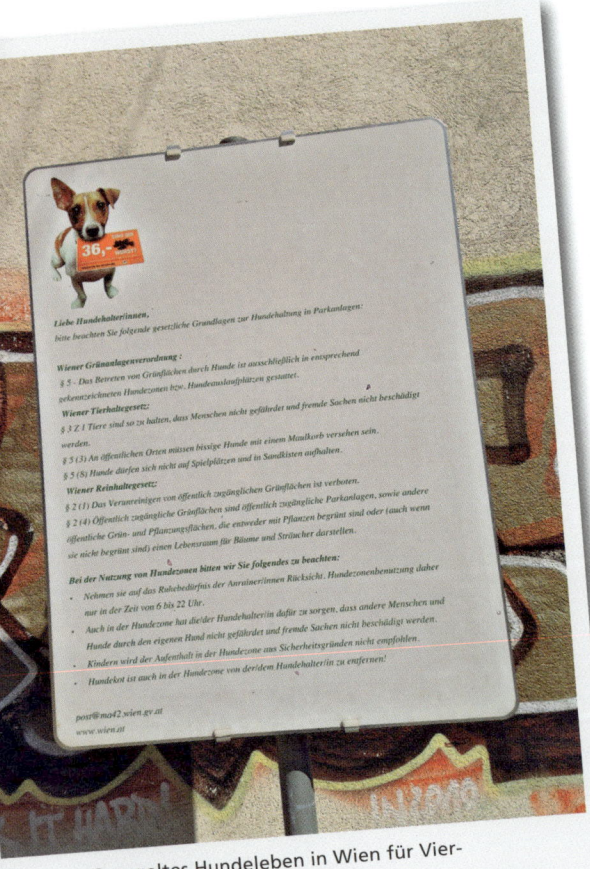

Geregeltes Hundeleben in Wien für Vier- und Zweibeiner

Etwa 61.000 Hunde sind in Wien offiziell gemeldet, weitere 40.000 leben laut Schätzungen als tierische U-Boote. 100.000 Hunde. Nur so wenige, werden manche denken. Was, so viele, schrecken sich andere. Wien hat große Hundeliebhaber und entschlossene Hundegegner. Die einen fordern mehr Auslaufplätze und Leinenfreiheit. Die anderen weniger Hundekot und eine Stadt ohne Tiere. Manche greifen gleich zu Wurst mit Nägeln und verstecken sie auf Hundeplätzen.

Wiener Hundehalter müssen sich gelegentlich fürchten und oft verteidigen. Genauso oft sagen sie: Geh, der tut nix, obwohl ihr Lämmchen mit Vollgas aufs Gegenüber losrennt. Nicht-Hundehalter ärgern sich darüber mindestens so oft wie über den Slalom zwischen den Hundehauferln auf den Gehsteigen. Übrigens: Darüber ärgern sich Vierbeiner-Freunde auch. Besonders dann, wenn man gerade das große Geschäft des eigenen Hundes wegräumt und dabei in die Hinterlassenschaft eines anderen Vierbeiners getreten ist. Generell bessert sich die Lage, in manchen Bezirken mehr, in manchen weniger. Die Unsitte gilt

Berühmter kleiner Wiener Papierhund, erinnert Hundehalter immer wieder ans Sackerl

An kaum einem Ort wird dem Hundebesitzer ein „nicht erlaubt" unter die Nase gerieben. Lokale, Geschäfte, Öffis, der Vierbeiner darf mit, etliche Auslaufplätze, Hundezonen, Badeplätze und Gackisackerl-Spender der Stadt

Ein Fußballplatz ohne Hunde: Einer der seltenen Orte in Wien, wo der Vierbeiner nicht mit darf

nicht mehr bloß als Kavaliersdelikt. Immerhin 47.200 Sackerl werden täglich in den öffentlichen Mistkübel geworfen. 3.000 Sackerlspender der Stadt Wien und diverse Kampagnen mit XXL-Hundstrümmerln und Wiesenstecker mit Papierhund zeigen Wirkung. Übrigens von Hunden gerne angebellt, von Gegnern gerne in den Vorgarten gesteckt.

Aber nicht nur das Hundstrümmerl erregt die Gemüter. Nicht-Hundehalter finden, der Hund gehöre ordentlich verwahrt, am Besten in umzäunte Zonen verbannt, mit Beißkorb geknebelt und an der kurzen Leine gehalten. Hundehalter finden, sie werden mit ein paar kleinen betonierten Plätzen abgespeist, auf denen sich die Seele nicht entfalten kann – die von Mensch und Hund. Trotzdem: Immerhin 34 Prozent aller Wiener beurteilen diese Stadt als hundefreundlich. Und das ist sie auch.

Wien tun ihr Übriges, um Wien auch zur lebenswertesten Hundecity zu machen. Hundekot-Kontrollen, erhöhte Hundesteuer, Hundeführschein, Silvesterkracher, Beißkorb und Leinenpflicht kratzen zwar nach wie vor am Image. Wir haben bei der Tierschutz-Stadträtin und bei den Tierschutzsprechern der Parteien nachgefragt, was aus Sicht der Politik bereits gut läuft. Und wo in dieser Stadt noch Verbesserungsbedarf ist.

Gutes Pflaster für Hunde

Wien vom Gackisackerl bis zur Welpenmafia

Zu den Hundethemen dieser Stadt haben wir die Umwelt- und Tierschutzstadträtin der SPÖ, Ulli Sima, befragt.

Frau Stadträtin, wie funktioniert aus Ihrer Sicht das Zusammenleben von Mensch und Hund in Wien?

Ich finde, Mensch und Hund leben in Wien sehr gut zusammen. Als Stadt Wien arbeiten wir intensiv daran, dass das auch so bleibt, wir haben ein reichhaltiges Angebot und kontrollieren natürlich auch die Spielregeln. Als Tierschutzstadträtin ist mir das Miteinander sehr wichtig, und ich bekomme sehr viel positives Feedback zu unseren Aktivitäten.

Welche Angebote hat die Stadt Wien für Hundebesitzer?

Wir haben beispielsweise mehr als 160 Hundezonen, und permanent kommen neue dazu. Wir bieten Infoveranstaltungen und den freiwilligen Hundeführschein, mit dem man sich für ein Jahr lang die Hundeabgabe erspart. Außerdem bemühen wir uns um Bewusstseinsbildung in Schulen und Kindergärten, um nur einiges zu nennen.

34 Prozent der Wiener würden Wien laut Ihrer Studie als hundefreundlich bezeichnen. Was könnte die Stadt dazu beitragen, dass es mehr werden?

Da steht das Stichwort Hundezonen natürlich ganz oben. Für neue Plätze stimmen wir uns ständig mit den Bezirken ab. Ich freue mich auch, dass wir etliche Zonen am Wasser errichten konnten, weil die Nachfrage nach Bademöglichkeiten besonders groß war.

Wenn Sie in Sachen Hundeführschein Bilanz ziehen: Was hat sich seit der Einführung verbessert?

Der verpflichtende Hundeführschein wurde von mehr als 89 Prozent der Wienerinnen und Wiener bei der Volksbefragung gefordert, und er ist ein Erfolgsmodell. Wir haben ihn nun, drei Jahre nach Einführung, extern evaluieren lassen, und die Ergebnisse geben uns recht: Die Bisszahlen durch Listenhunde sind um zwei Drittel zurückgegangen, konkret um 63 Prozent. Ein sensationelles Resultat. Bei den Bissen an Menschen durch Listenhunde verzeichnet die Statistik, die Alexander Tichy von der Veterinärmedizinischen Universität durchgeführt hat, sogar ein Minus von 70 Prozent.

Gibt es Überlegungen, den Hundeführschein für alle Hunde einzuführen?

Die Evaluierung zeigt sehr klar, dass unsere Maßnahme des verpflichtenden Scheins einen Sinn hat. Wir werden die Liste nicht verändern.

Tierschutzstadträtin Ulli Sima in einer Hundezone

Wie will man das Problem der ausgelegten Giftköder in den Griff bekommen?

Wir nehmen das sehr ernst, und ich bitte alle, jeden Verdachtsfall sofort an die Helpline der MA 60 unter der Telefonnummer 4000-8060 zu melden.

Stichwort Silvester-Knallerei, die für viele Hunde eine Belastung ist. Gibt es da Ideen?

Das ist Bundeskompetenz.

Die Salzstreuung auf Wiens Straßen, die für Hunde sehr schmerzhaft ist, fällt in Ihr Ressort. Wird über Alternativen nachgedacht?

Als Stadt verwenden wir auf den Straßen kein pures Salz mehr, sondern nur noch Salzsole, also eine stark verdünnte Lösung. Auf den Gehsteigen sind die privaten Hauseigentümer zuständig. Die Tierschutzombudsstelle befasst sich mit diesem Thema sehr intensiv und gibt

auch praktische Tipps zur richtigen Pfotenpflege im Winter.

Thema Gackisackerl: Ist Wien nun sauberer?

Die Lage hat sich enorm verbessert: Unser Angebot an Gratissackerln in den 3.000 Automaten wird bestens angenommen, und Wien ist nachweislich viel sauberer. Unglaubliche 47.200 Stück mit eindeutigem Inhalt finden täglich ihren Weg in die städtischen Papierkörbe, pro Jahr sind das 17,2 Millionen Sackerl. Ich möchte mich an dieser Stelle bei allen bedanken, die sich an die Sauberkeitsspielregeln halten.

Gibt es Pläne für eine Öko-Variante der Sackerl?

Biokunststoff ist hier nicht sinnvoll, weil die Sackerl mit dem Hundekot ohnedies nicht in unserem Kompostwerk landen. Aus hygienischen Gründen werden sie thermisch verwertet, das heißt, dass sie verwendet werden, um Energie zu erzeugen. Und das ist schließlich auch gut für die Umwelt.

Sie führen einen engagierten Kampf gegen die internationale Welpenmafia. Was kann man tun, um die Bürger aufzuklären? Wie ist die Situation in Wien?

Das ist mir ein ganz zentrales Anliegen. Die Welpenmafia verdient enorm viel Geld. Übrig bleiben kranke, arme Tiere und traurige Hundebesitzer. Wir wollen den Menschen erklären, warum sie die Hände lassen sollen von Internet-, Hinterhof- oder Mitleidskäufen. Unter der Telefonnummer 4000-8060 kann jeder Verdachtsfälle melden und bekommt In-

fos zum richtigen Welpenkauf. Wien dürfte eine Drehscheibe der internationalen Welpenmafia sein, und der wollen wir das Handwerk legen. Wir arbeiten da eng mit den Vier Pfoten und der Wiener Polizei zusammen. Wir sind dabei natürlich auf die Hinweise aus der Bevölkerung angewiesen, aber wir konnten schon etliche Fälle aufdecken und anzeigen.

Warum braucht Wien das Tierquartier?

Wien ist gesetzlich zur Versorgung entlaufener, herrenloser und beschlagnahmter Tiere verpflichtet. Diese gesetzliche Aufgabe wollen wir künftig selber übernehmen und errichten daher ein modernes Tierschutzkompetenzzentrum in der Donaustadt, das ab 2015 Platz für 150 Hunde, 300 Katzen und Hunderte Kleintiere bietet. Die Tiere werden dort bestmöglich versorgt und rasch wieder an Tierliebhaber weitervermittelt. Jeder kann mithelfen und einen Baustein kaufen. Infos findet man auf www.tierquartier.at.

Tierschutzstadträtin Ulli Sima

Rathausplatz 1
Zimmer 243
1010 Wien
Tel.: 1-400081341
Mail: office@ullisima.at
Web: www.ullisima.at

Wen würden Hunde wählen?

Fragen an die Tierschutzsprecher der Parteien

Hundeführschein, Hundesteuer, Leinenpflicht. Wir haben die Tierschutzsprecher der Parteien, die unter anderem im Gemeinderat vertreten sind, um Antworten auf Hundefragen gebeten.

Veronika Matiasek, Stadträtin und Tierschutzsprecherin der FPÖ Wien

Welchen Stellenwert haben Hunde in Wien? Ist Wien eine lebenswerte Stadt für Hundebesitzer?

Hunde oder deren Haltung werden sehr kontrovers gesehen und leider auch politisch benützt. Für uns haben sie einen hohen Stellenwert als Freund und Mitgeschöpf, vor allem in Zeiten immer größerer Vereinsamung.

Was ist das größte Problem mit Hunden in Wien?

Mangelnde Auslaufmöglichkeit.

Was würde es noch brauchen, um Wien für Hundebesitzer attraktiver zu machen?

Größere Hundezonen und ein Aus für die Hundeabgabe.

Hundeführschein – ja oder nein? Wie vernünftig ist er?

Wir befürworten eine Information für Neueinsteiger, möglichst vor Anschaffung eines Hundes.

Rasseliste für Hunde – sinnvoll oder nicht sinnvoll?

Nicht sinnvoll, da kann die zuständige Stadträtin noch so tolle Zahlen präsentieren.

Leinenpflicht – oder kann man dem Hundebesitzer mehr Selbstverantwortung zutrauen?

Leinenpflicht ja, auf Gehwegen, in Verkehrsmitteln etc., dafür mehr Auslaufmöglichkeiten.

Gibt es Ihrer Meinung nach genügend Auslaufplätze für Hunde?

Es braucht mehr Auslaufmöglichkeiten, die Hundezonen sind viel zu klein.

Hundesteuer – ist die derzeitige Regelung für Sie in Ordnung?

Nein, weg damit.

Was würden Sie sich von Hundebesitzern wünschen? Und von Nicht-Hundehaltern?

Die sind so unterschiedlich wie Autofahrer oder andere Personengruppen. Wichtig wäre aus meiner Sicht, dass jeder den passenden Hund hat, mit dem er umgehen und ein gutes Leben bieten kann. Gack am Gehsteig geht gar nicht. Abschnüffeln von Personen, die das nicht wollen, auch nicht. Von Nicht-Hundehaltern die Erkenntnis, dass das Problem nicht das Tier, sondern der Mensch am anderen Ende der Leine ist.

Wird im Bereich Tierschutz für die Hunde Ihrer Meinung nach genug getan? Was bräuchte es noch?

Endlich wirkungsvolle Maßnahmen gegen den illegalen Welpenhandel. Keine Hetze gegen Hunde. Respekt, dass Hundehaltung ein Teil unserer Kultur ist. Drastische Strafen für Tierquäler.

Karin Holdhaus, Umwelt- und Tierschutzsprecherin ÖVP Wien

Welchen Stellenwert haben Hunde in Wien? Ist Wien eine lebenswerte Stadt für Hundebesitzer?

Theoretisch ja, denn Grünflächen und Wälder in und um Wien gibt es viele. Die Wiener Hundebesitzer sind selbstbe-

wusst und scheuen keine Kosten und Mühen, damit es ihrem Liebling gut geht. Sie sehen ihren Hund als Familienmitglied. Die Zahl und Bedeutung steigt mit der Anzahl der Singlehaushalte. Praktisch sieht so ein Hundeleben in Wien leider nicht ganz so paradiesisch aus. Polarisierende Politik stört ein friedliches Miteinander, zu enger Raum schafft Reibungspunkte.

Was ist das größte Problem mit Hunden in Wien?

Eigentlich ein altes und kein Wien typisches. Beispiel Schäfer-Elmayer: Hundebesitzer glauben ihre Hunde zu kennen bzw. zu kontrollieren und anstatt präventiv andere Menschen bzw. Tiere zu schützen überwiegt der Besitzerstolz „Mein Hund ...“ und dann passiert etwas. Das wiederum verunsichert Nichthundebesitzer und so weiter und das Ergebnis: Anlassgesetze beziehungsweise subjektive Regelungen, wie die Rasseliste für den verpflichtenden Hundeführschein, unvermittelbare Hundeopfer in Tierheimen und allgemeine Verunsicherung. Man muss auch sagen, dass leider das „Weihnachtsgeschenk“ oft keine oder zu wenig Führung und Erziehung bekommt und das unverhoffte Herrl überfordert ist. Dadurch entstehen mangelnde Sozialisierung und schließlich Probleme mit Artgenossen, die konsequent sind.

Was würde es noch brauchen, um Wien für Hundebesitzer attraktiver zu machen?

In erster Linie muss Wien für die Hunde attraktiver sein. Und dazu gehört eine dramatische Verbesserung der Qualität und der Flächenaufteilung der Hundezonen und eine regelmäßige Wartung beziehungsweise Reinigung. Und, wer Gesetze erlässt sollte sie auch kontrollieren, bevor er weitere erlässt oder bestehende Gebühren erhöht, also: Mehr Kontrollen in den Hundezonen und Parks, der Einhaltung der Hundechips und Versicherung, usw. Aber nicht von der Polizei, die hat schon genug zu tun, sondern von den Waste Watchern. Haben Sie schon mal einen gesehen? Ich noch nie.

Hundeführschein - ja oder nein? Wie sinnvoll ist er?

Ich halte eine Grundausbildung für Hund und Hundebesitzer für sinnvoll und wichtig – zum Schutz für Hund, Besitzer und Dritte. Für falsch erachte ich aber die Verpflichtung einer Prüfung für Hunde einer willkürlichen Liste. Hundeexperten selbst bezweifeln, dass eine Hunderasse aggressiver ist als eine andere. Auch die Hundebissstatistik deckt sich nicht mit der Auflistung der angeblich gefährlichen Hunderassen. Es ist also viel mehr die Erziehung und der Alltag eines Hundes maßgebend, als die Rasse selbst. Diese Rasseliste ist für mich genauso fragwürdig wie die Argumentation für die Hundesteuer oder warum zum Beispiel Hundeführscheinprüfungen nur Magistratsbeamte und nicht (auch) Hundeprüfer von Hundevereinigungen, wie zum Beispiel dem ÖKV, abhalten dürfen.

Rasseliste für Hunde – sinnvoll oder nicht sinnvoll?

Wir lesen ständig in der Zeitung, dass ein Nichtrasselistehund jemanden gebissen hat. Aus meiner eigenen Erfahrung kann ich sagen: Ein falsch gehaltener Dackel kann für böse Überraschungen sorgen. Und ein gut erzogener und sozialisierter Rottweiler ein braver Begleiter. Demnach müsste man sagen: alle oder keiner. Weder sinnvoll noch tierlieb ist jedenfalls ein volles Tierschutzhaus mit unvermittelbaren Listenhunden. Ebenso wenig wie eine künstliche Stigmatisierung von Hunderassen.

Leinenpflicht? Oder kann man dem Hundebesitzer sogar zutrauen, dass er mehr Selbstverantwortung übernimmt.

Ich bin in jedem Fall für mehr Selbstverantwortung. Die Politik der Überregulierung führt aber genau zum Gegenteil. Ich kann das Korsett nicht ständig enger schnallen und dann Bewegungsfreiheit verlangen. Und genau das passiert gerade. Leider nicht nur bei den Hunden.

Sind Ihrer Meinung nach genug Auslaufplätze für Hunde vorhanden?

In Summe wahrscheinlich ja, aber im Einzelnen betrachtet sicher nicht. Man hat oft den Eindruck Hundezonen werden dort angelegt, wo es sich gerade anbietet und weniger nach dem Bedarf. Beispiel 7. Bezirk, wo gerade mal 1,2 Quadratmeter Auslauffläche pro Hund zur Verfügung stehen, während im 2. Bezirk jeder Hund 129 Quadratmeter hat. Klar ist der Weg in den Prater jedem Hundebesitzer genauso zumutbar wie dem Jogger oder Radfahrer, aber ich vermisse hier eine strukturelle, bedarfsorientierte Herangehensweise der Stadt Wien. So auch bei der Qualität. Ein Stück Wiese, ein Zaun und – mit Glück – ein Baum machen noch keine Hundezone.

Hundesteuer - ist die derzeitige Regelung in Ordnung für Sie?

Die Hundesteuer hätte eigentlich einzig ihre Berechtigung als finanzielle Bedeckung für die Ausgaben der MA 48 zur Beseitigung des Hundekots auf öffentlichem Boden. Nun, seit die Hundebesitzer zunehmend und erfreulicherweise gelernt haben, sich selbst darum zu kümmern, hat auch die Hundesteuer zunehmend ihre Berechtigung verloren. Die letzte, und jede - bereits angekündigte - weitere Erhöhung ist eigentlich nur eine weitere Steuerschraube, an der die Stadtregierung dreht, wenn sie wieder Geld braucht. Und das zu Lasten der ohnehin ehrlichen Hundebesitzer. Daher, wenn schon Steuer, dann besser mehr Kontrollen als höhere Steuern.

Was würden Sie sich von Hundebesitzern wünschen? Von Nicht-Hundehaltern?

Mehr Rücksichtnahme auf Nicht-Hundehalter, z.B. Leinenführung oder Beißkorb, wo viele Menschen oder Kinder sind. Und Vermeidung des Satzes: Mein Hund tut keiner Fliege was.

Und: weniger Hysterie von Nicht-Hundehaltern.

Im Tierschutzbereich, wird da für die Hunde Ihrer Meinung nach genug getan? Was bräuchte es noch?

Gerade für den Hund wird im Tierschutzbereich viel gemacht. Bisher hat die Zusammenarbeit zwischen privatem Engagement, Beispiel Wiener Tierschutzverein, oder ÖKV und der Stadt Wien gut funktioniert. Ob die Entwicklung der letzten Jahre in Richtung „alles in städtischer Hand" auch hier langfristig richtig ist, bezweifle ich allerdings. Denn am Ende wird sich keiner mehr dafür verantwortlich fühlen und damit bleibt erhöhte Bürokratie, politischer Einfluss und hohe Kosten. Gerade hier wäre echte Aufklärung über Hundehaltung, Erziehung und Umgang mit Hunden von klein auf zum Beispiel im Biologieunterricht in der Schule weitaus sinnvoller für ein hundefreundliches und gefahrenloses Miteinander von Mensch und Hund.

Christiane Brunner, Umwelt- und Tierschutzsprecherin Die Grünen

Welchen Stellenwert haben Hunde in Wien? Ist Wien eine lebenswerte Stadt für Hundebesitzer?

Der Umgang mit Hunden ist in Österreich überwiegend über Landes- und Gemeindebestimmungen geregelt, was zu unterschiedlichen Vorgaben in den jeweiligen Gebieten führt. In Wien wird das Zusammenleben der Menschen und Hunde im Wesentlichen vom Wiener Tierhaltegesetz bestimmt. Nach meinem Dafürhalten ist Wien eine weitgehend hundefreundliche Stadt. Es wird viel Wert darauf gelegt, das konfliktfreie Miteinander zwischen Hunden, Hundebesitzern und Nicht-Hundebesitzen möglich zu machen. Dafür reichen aber Regeln selbstverständlich nicht aus, hier braucht es ein Verständnis der Wienerinnen und Wiener für die Sichtweise der jeweils anderen. Wie in anderen Lebenszusammenhängen auch wird manches mit ein wenig Toleranz einfacher und angenehmer.

Was ist das größte Problem mit Hunden in Wien?

Die Intoleranz, die manche Hundebesitzer und manche Nicht-Hundebesitzer an den Tag legen. Wenn sich alle bemühen, die Interessen der anderen auch ernst zu nehmen, wäre manches leichter.

Was würde es noch brauchen, um Wien für Hundebesitzer attraktiver zu machen?

Da sollte man die Hundebesitzer in Wien fragen.

Hundeführschein – ja oder nein? Wie vernünftig ist er?

Ich befürworte alle Maßnahmen, die ein gutes Zusammenleben von Menschen und Tieren in der Stadt ermöglichen. Experten sind sich einig, dass eine verpflichtende Schulung für Hundehalter ein geeignetes Mittel ist, um die Tierschutzziele zu erreichen und das Zusammenleben von Menschen und Tieren zu verbessern.

Rasseliste für Hunde – sinnvoll oder nicht sinnvoll?

Die Abschaffung der Rasseliste in Bezug auf die Gefährlichkeit von Hunden ist eine Forderung der Grünen. Die Wissenschaft ist sich in diesem Punkt schon lange einig. Ob ein Hund gefährlich ist, hat primär nichts mit der Rasse zu tun, eher schon mit Sozialisation, die in der Verantwortung des Hundehalters liegt.

Leinenpflicht – oder kann man dem Hundebesitzer mehr Selbstverantwortung zutrauen?

Das Wiener Tierhaltegesetz schreibt vor, dass Hunde an öffentlichen Orten – das sind etwa Straßen und Plätze, aber auch öffentlich zugängliche Teile von Häusern, Höfen und Lokalen – einen um den Fang geschlossenen Maulkorb tragen oder an der Leine geführt werden müssen. Ständiges Anleinen ist tierschutzrelevant, da dem Hund nicht nur die Möglichkeit genommen wird, seinem Bewegungsbedürfnis nachzukommen, sondern vielmehr die Möglichkeit der Aufnahme der für den Hund bedeutsamen Reizqualitäten verringert oder ganz verhindert wird. Auch das Unterbinden arttypischer Kommunikation mit anderen Hunden durch den Leinenzwang ist bedenklich und kann zu Verhaltensfehlentwicklungen führen. Für mich ist die Abwägung zwischen dem Wunsch nach Sicherheit der Bevölkerung und den Bedürfnissen der Hunde nicht einfach. Leinenzwang ist aus meiner Sicht nur dann tierschutzrechtlich haltbar, wenn es ausreichend attraktive und für die Hundebesitzer gut erreichbare Freilaufzonen für die Hunde gibt.

Gibt es Ihrer Meinung nach genügend Auslaufplätze für Hunde?

In Wien gibt es 160 Hundezonen, mit einer Fläche von über einer Million Quadratmetern. Das erscheint mir erst einmal nicht wenig. Genug ist es leider nicht,

im Rahmen der Stadtplanung werden hier weitere Hundezonen einzurichten sein.

Hundesteuer – ist die derzeitige Regelung für Sie in Ordnung?

Die Einhebung einer Hundeabgabe ist aus meiner Sicht grundsätzlich vor dem Hintergrund der volkswirtschaftlichen Kostendeckung öffentlicher Ausgaben für Reinigungsarbeiten im Zusammenhang mit Hundeexkrementen gerechtfertigt. Bei einer Novellierung der Hundeabgabe müssen mittels entsprechender Zweckbindung Lenkungs- und Steuermaßnahmen ergriffen werden, etwa indem infrastrukturelle Einrichtungen wie Gratisautomaten für Hundekotbeutel flächendeckend finanziert werden, auch eine zweckgewidmete Subvention an Tierschutzvereine wäre denkbar. Der Einhebung einer Hundeabgabe sollte jedenfalls eine adäquate und für Hundehalter vorteilhafte Leistung gegenüberstehen, denn nur so kann eine Hundeabgabe aus meiner Sicht politisch legitimiert werden.

Was würden Sie sich von Hundebesitzern wünschen? Und von Nicht-Hundehaltern?

Toleranz und Achtsamkeit im Umgang miteinander.

Wird im Bereich Tierschutz für die Hunde Ihrer Meinung nach genug getan? Was bräuchte es noch?

Österreich ist im Tierschutz europaweit sehr fortschrittlich. Trotzdem können und sollten wir den Rahmen verbessern. Tiere sind fühlende Mitlebewesen, als solche müssen sie auch behandelt werden. Ich erachte es als wichtig, dass der Umgang mit Tieren und der Tierschutz auch Teil des Bildungsplans in einem sehr frühen Stadium ist. Viele Fehler im Umgang mit Tieren kommen durch den Mangel an Wissen zustande.

Hundeführschein – ja oder nein?

Freiwilliger Hundeführschein der Stadt Wien

Nr.: F 01201

Name   BREIT

Vorname   HEDI

Straße

PLZ   Ort

Unterschrift PrüferIn

Nummer PrüferIn   9024

Name des Hundes   LOLA

Chipnummer   968000016660l9

Rasse   Mischling

Geschlecht   HÜNDIN

Geburtsdatum   25.05.2007

geprüft am   08.12.2013

ausgestellt am   08.12.2013

WIENER HUNDEFÜHRSCHEIN

Stampiglie

Führerschein für Vierbeinantrieb

Wer ihn braucht, wie man ihn macht

Gefordert. Verteufelt. Umstritten. Diskutiert. Wenn man jedem Hund so viel Aufmerksamkeit schenken würde wie dem Wiener Hundeführschein, würde man ihn gar nicht brauchen. In Wien braucht man ihn schon. Sofern man nicht nur zu Besuch hier ist und einen Hund hat, der auf der Liste steht. Die Liste. Zwölf Hunderassen und deren Mischlinge. Für den Hundeführschein haben 89 Prozent der Bürger bei einer Volksbefragung im Jahre 2010 gestimmt. Nach vielen Diskussionen und von großem Interesse der Medien begleitet, hat die Politik das Begehren mit 1. Juli 2010 umgesetzt. Ende 2013 waren 3.312 betroffene Hunde gemeldet. Das sind 5,4 Prozent aller registrierten Hunde in Wien. In den ersten drei Jahren hat man 5.227 Führscheine ausgestellt. Für alle, die einen Schreib- oder Rechenfehler vermuten: Es gibt mehr Führscheine als Hunde, weil ihn sämtliche Familienmitglieder, die mit dem Vierbeiner unterwegs sind, machen müssen.

Die Pflicht

Hundebesitzer müssen in Wien einige Auflagen erfüllen. Es gibt die Chippflicht, die Meldepflicht und die Haftpflichtversicherung. Mit dem Hundeführschein kommt noch eine dazu. Die Halter müssen mindestens 16 Jahre alt sein und dürfen keine einschlägigen Vorstrafen haben. Die Prüfung muss innerhalb von drei Monaten ab Beginn der Haltung abgelegt werden. Und der Hund muss mindestens sechs Monate alt sein.

Der Hundeführerschein hat unter anderem dazu geführt, dass immer mehr betroffene Vierbeiner in Tierheimen landen. Und viele von ihnen auch dort bleiben. Sie stehen auf der Liste, und damit ist ihr Image nicht unbedingt das beste. Entscheidet man sich trotzdem für einen der Listenhunde, muss der an öffentlichen Orten einen Maulkorb tragen. Zumindest bis man den Führerschein hat. Erst wenn man die Prüfung erfolgreich absolviert hat, gilt auch für diese Hunde: Leine oder Beißkorb.

Die Prüfung

Wer einen führerscheinpflichtigen Hund hat, meldet sich bei der MA 60 zur Prüfung an. Mitnehmen muss man den Vierbeiner und einige Dokumente und Nachweise. Die Stadtverwaltung stellt eine Liste mit beauftragten Prüfern zur Verfügung. Bis zu 25 Euro können die für die Abnahme der Prüfung verlangen. Über eine Erhöhung der Gebühr denkt man im Rathaus schon nach.

Für den theoretischen Teil kann man sich mit einem Handbuch und einem Fragenkatalog vorbereiten. 150 Fragen beinhal-

Den Hundeführschein müssen auch Kampfkuschler machen, wenn sie zu einer von zwölf Rassen gehören

tet der. Es geht um die Hundehaltung und -ausbildung, um das Verhalten des Hundes, seine Gesundheit und gesetzliche Verpflichtungen. 24 von 30 Fragen muss man richtig beantworten. Danach wird im praktischen Teil getestet, ob der Halter in der Lage ist, sich in Alltagssituationen mit dem Hund richtig und rücksichtsvoll zu verhalten. Und zwar nicht nur in Bezug auf andere Menschen, sondern auch auf andere Hunde.

Fällt man durch, kann man die Prüfung innerhalb von drei Monaten wiederholen. Wenn man sie auch dann nicht schafft, nehmen die Behörden dem Besitzer den Hund

ab. Das kommt aber eher selten vor. Sieben Hundehaltern ist es seit der Einführung des Führerscheins so ergangen.

Die Polizei kontrolliert, ob die Vorschriften eingehalten werden. 700 Strafverfahren hat man bisher gegen Besitzer der definierten Rassen, die nicht zur Prüfung angetreten sind, eingeleitet. Und die können mit saftigen Strafen oder der Abnahme des Hundes durch die Behörden enden.

Listenhunde als Wien-Touristen

Listenhunde, die in Wien auf Besuch sind, müssen in der Öffentlichkeit immer einen

Maulkorb tragen. Urlaubt der Hund länger als einen Monat in der Stadt, muss man den Wiener Hundeführerschein verpflichtend und innerhalb von drei Monaten ab Beginn der Haltung in Wien absolvieren.

Zuständige Stelle

MA 60 Veterinärdienste und Tierschutz
Karl-Farkas-Gasse 16
1030 Wien
Tel.: 01-40008060
Mail: post@ma60.wien.gv.at
Web: www.tiere.wien.at

Informationen im Internet:

www.wien.gv.at/gesellschaft/tiere/tierschutz/hundefuehrschein/verpflichtenderhundefuehrschein.html

www.wien.gv.at/amtshelfer/freizeit-sport/tiere/haustier/hundefuehrschein-pfl.html

Listenhunde:

American Staffordshire Terrier, Bullmastiff, Bullterrier, Dogo Argentino (Argentinischer Mastiff), Fila Brasileiro, Mastiff, Mastin Espanol, Mastino Napoletano, Pitbullterrier, Rottweiler, Staffordshire Bullterrier, Tosa Inu

Die Kür

In Wien gibt es aber nicht nur den verpflichtenden, sondern auch den freiwilligen Hundeführschein. Bisher hat man rund 8.000 davon ausgestellt. Zur MA 60 muss man dafür nicht. Wer einen haben will, kann mit einem der beauftragten Prüfer, die auch im Internet zu finden sind, einen Termin ausmachen. Die Kosten betragen auch hier bis zu 25 Euro. Und der Hund muss ebenfalls mindestens sechs Monate alt sein. Wie lange man ihn schon hat, ist aber egal. Die Prüfung besteht aus einem theoretischen und einem praktischen Teil. Man kann übrigens mehrmals antreten, falls man beim ersten Mal nicht besteht.

So ist es auch FRED & OTTO-Redaktionshündin Lola ergangen. Beim ersten Versuch zeigte sie deutlich, dass sie den Maulkorb nicht gewohnt ist, und fiel durch. Aber nach einem intensivem Training und viel Streichwurst auf dem ungeliebten Accessoire hat sie die Prüfung beim zweiten Anlauf mit Bravour gemeistert.

Den freiwilligen Hundeführerschein zu machen, lohnt sich. Und zwar gleich doppelt. Denn man bekommt von der Stadt eine Geschenkbox und wird für ein Jahr von der Hundesteuer befreit. Und da geht es immerhin um 72 Euro. Abzüglich der Prüfungsgebühr natürlich.

Zuständige Stelle

MA 60 Veterinärdienste und Tierschutz

Informationen im Internet:

www.wien.gv.at/gesellschaft/tiere/tierschutz/hundefuehrschein/freiwilliger-hundefuehrschein.html

www.wien.gv.at/amtshelfer/freizeit-sport/tiere/haustier/hundefuehrschein-fw.html

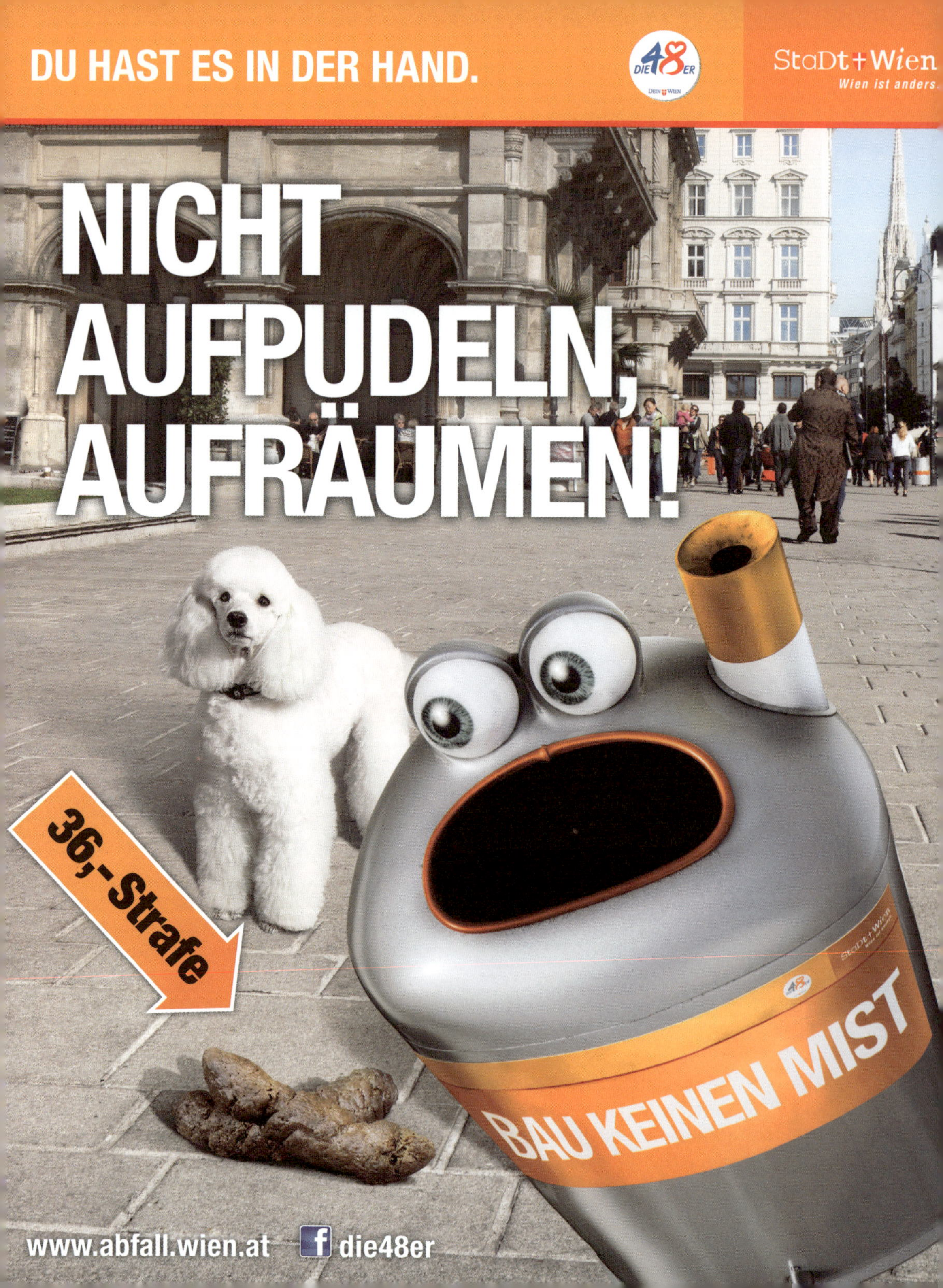

DU HAST ES IN DER HAND.
DIE 48ER
StaDt+Wien
Wien ist anders.
NICHT AUFPUDELN, AUFRÄUMEN!
36,- Strafe
BAU KEINEN MIST
www.abfall.wien.at
die48er

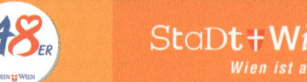

Der letzte Freund

Die ärztliche Versorgung für Tiere von obdachlosen Menschen

Das Wartezimmer der Ordination in der Margaretenstraße ist kurz nach dem Aufsperren schon gut gefüllt. Mehrere beeindruckend gut sozialisierte Hunde beschnuppern einander. Man spürt, dass sich die Besitzer wirklich liebevoll um ihre Tiere kümmern, und was sie ihnen bedeuten. „Wenn mein Hund sterben würde, würde ich einen Nervenzusammenbruch kriegen", sagt Christoph P., und man weiß: Sein Mischlingsrüde Nils bedeutet ihm alles.

Nils erholt sich prächtig von einer Operation. Sein Besitzer, Christoph P., wollte nicht mit aufs Foto, weil er mit seiner Frisur unzufrieden war

Tiere sind oft die letzten treuen Begleiter, die einem Menschen in Krisenzeiten erhalten bleiben. Lorenz W. ist mit seiner Schufti ins Neunerhaus gekommen. Die Hündin hatte keinen guten Start ins Leben. Allein im ersten Jahr war sie bei drei verschiedenen Besitzern und wurde misshandelt. Dann kam sie ins Tierheim, bevor sie endlich einen guten Platz bei Lorenz' Mutter fand. Nach ihrem Tod hat er Schufti übernommen. „Eine neue Bezugsperson", sagt er, „hätte sie nicht überlebt, sicher nicht". Sein ohnehin schwieriges Leben auf der Straße wird durch seine Begleiterin manchmal noch komplizierter. Wenn er sich hin und wieder für ein paar Tage ein billiges Hotelzimmer leisten

Lorenz W. wünscht sich für seine Schufti einen Chip, damit sie nicht gestohlen wird

Charlys Herrchen freut sich, dass sein Verdacht auf Flöhe unbegründet ist.

könnte, darf der Hund dort nicht mit hinein. Dass Schufti nach dem Tod der Mutter hätte eingeschläfert werden sollen, wollte Lorenz W. auf jeden Fall verhindern. „Das hat sie sich nicht verdient." Er kümmert sich selbstverständlich, mehr noch, er kümmert sich gerne um sie. Wenn sie einmal nicht mehr lebt, möchte er keinen Hund mehr haben, eigentlich hätte er lieber Wellensittiche.

Gesunde Einstellung

Tiere sind auch in Notzeiten treue Begleiter. Sie geben den obdachlosen Menschen Halt und fördern soziale Verantwortung und Selbstorganisation. Um ihnen und ihren Tieren zu helfen, bietet die tierärztliche Versorgungsstelle im Neunerhaus dreimal wöchentlich eine kostenlose medi-

zinische Grundversorgung an. Notwendig ist dafür die Überweisung einer offiziellen Obdach- und Wohnungslosenbetreuungseinrichtung. Über die Behandlungen wird genau Protokoll geführt. Das Team aus Tierarzt und Assistenten arbeitet hoch professionell. Hier werden Impfungen verabreicht, Wunden versorgt, Schmerzen therapiert, Parasiten vernichtet, Hundezähne gepflegt und Kastrationen und sonstige kleinere Eingriffe durchgeführt. Am Ende der unangenehmen Prozedur gibt es ein Keks zur Belohnung und ein paar Leckerlis zum Mitnehmen.

Die Tierarztpraxis finanziert sich ausschließlich durch Spenden. Ohne die ehrenamtliche Arbeit von 14 Tierärzten und acht Assistenten wäre ein Betrieb nicht möglich. Tierärztin Gabriele Bacher hat schon viele Patienten hier behandelt. Ihr Eindruck: „Den Tieren geht es sehr gut. Sie haben ihren Besitzer den ganzen Tag um sich und bewegen sich sehr viel." Flöhe und Zecken kommen häufiger vor, ansonsten haben sie dieselben gesundheitlichen Probleme wie die Artgenossen, die ein fixes Dach über dem Kopf haben. Für Bacher ist die Arbeit im Neunerhaus hochinteressant. Neben dem sozialen Anliegen kommt es ihr auf die Zusammenarbeit und den Meinungsaustausch mit den anderen Neunerhaus-Tierärzten an, die aus unterschiedlichen Organisationen kommen. „Es ist eine große persönliche Bereicherung. Was ich hier investiere, kommt hundertprozentig zurück."

Tierärztin Gabriele Bacher bei der Untersuchung eines tierischen Patienten

Doppelte Hilfe

In Zusammenarbeit mit der Tierärztekammer wurde die Tierärztliche Versorgungsstelle im Neunerhaus 2010 von Eva Wistrela-Lacek gegründet. Von ihr erfahren wir, dass die Tiere obdachloser Menschen häufig unter chronischen Krankheiten und Tumoren leiden, weil sie jahrelang nicht beim Arzt waren. Daher liegt ihr die Einrichtung sehr am Herzen. Durch eine regelmäßige medizinische Versorgung kann man den Tieren zu einem besseren und längeren Leben verhelfen. Und wer den Tieren hilft, hilft auch den Menschen. „Hunde haben keine Vorurteile. Ihnen ist es egal, ob man ein Piercing in der Nase hat oder arbeitslos ist. Die obdachlosen Menschen danken es ihnen, indem sie oft mehr auf ihre Tiere, als auf sich selber achten." Für Eva Wistrela-Lacek ist es eine persönliche Befriedigung, dass im Neunerhaus schon so vielen

Menschen und Tieren geholfen werden konnte und der Stellenwert der Tiere im Leben der Menschen auf der Straße auch in der Öffentlichkeit bewusst geworden ist.

Neunerhaus Tierärztliche Versorgungsstelle

Margaretenstraße 166/Erdgeschoß
1050 Wien
Tel.: 01-9900909900 oder 0650-2100158
Mail: tierarzt@neunerhaus.at
Web: www.neunerhaus.at

Spendenkonto:
Neunerhaus
IBAN: AT72 3200 0000 1147 2529
BIC: RLNWATWW

Sachspenden wie Futter, Decken, Leinen und Spielzeug können während der Öffnungszeiten (Montag 10 Uhr bis 11 Uhr, Mittwoch 13 Uhr bis 14 Uhr und Freitag 10:30 Uhr bis 11:30 Uhr) abgegeben werden.

Frssen auf Rädern

Zwei Vereine versorgen Not leidende Menschen mit Futter für ihre Haustiere

Nicht immer fehlt es an Verantwortung, wenn vierbeinige Mitbewohner ins Tierheim kommen. Manchmal fehlt es einfach an Geld. Zwei Vereine haben sich zur Aufgabe gemacht Wienerinnen und Wienern, die sich in einer finanziellen Notlage ihre Haustiere nicht mehr leisten können, zu helfen, ihre Gefährten trotzdem zu behalten. Sie erhalten gratis oder zu einem symbolischen Preis Futter, Zubehör und ein offenes Ohr für ihre Sorgen. Die soziale Bedürftigkeit wird streng kontrolliert. Um Animal hoarding zu verhindern, ist auch die Anzahl der Tiere für den kostenlosen Futterbezug entscheidend.

So kann man helfen

Die beiden Vereine TierFreude und Futterbox haben mit ihrem mobilen Sozialmarkt und der Futtertafel für Haustiere alle Hände voll zu tun und sind auf finanzielle Unterstützung und Sachspenden angewiesen. Beide Institutionen brauchen stets auch freiwillige Helfer, die Fahrten übernehmen oder die Ausgabestellen betreuen. Gesucht werden außerdem Sammelstellen für Sachspenden. Es gibt also einiges zu tun.

Tierschutzverein TierFreude

Wulzendorfstraße 92-94/3/6
1220 Wien
Tel.: 0660-4763416
Mail: info@tierfreude.org
Web: www.tierfreude.org

Spendenkonto:
Tierschutzverein TierFreude
IBAN: AT89 4275 0368 7522 0000
BIC: VBOEATWWBAD

Verein Futterbox Österreich – Sozialtafel für Haustiere

Jahnstraße 23/6
3100 St. Pölten
Tel.: 0660-1665259
Mail: office@futterbox.org
Web: www.futterbox.org

Spendenkonto:
Verein Futterbox Österreich – Sozialtafel für Haustiere
IBAN: AT92 3258 5000 0802 8169
BIC: RLNWATWWOBG

Hilfe für sozial schwache Menschen und ihre Tiere

G'schamste Diener

Von vierbeinigen Polizisten, wedelnden Zollbeamten und bellenden Soldaten

Gebrauchshunde retten, verteidigen, beschützen, überführen und sind wahre Helden. Sie sind mit auf der Jagd und im Einsatz als Hüter und Treiber. Sie sind Kollegen im Dienst, vierbeinige Assistenten und Servicehunde. Kurz: Sie sind Arbeitshunde und werden für ganz spezielle Aufgaben trainiert. Die Jobbeschreibungen der arbeitenden Hunde in Wien.

Diensthunde

Diensthunde, die tagein-tagaus bei Polizei, Zoll oder Rettung im Einsatz sind, haben oft sehr schwierige und gefährliche Aufgaben: Sie müssen Verbrecher verfolgen, Sprengstoff erschnüffeln, Anwesen oder ihren Hundeführer schützen und Demonstranten abwehren. Es bedarf einer gründlichen und schwierigen Ausbildung, um dem Hund auch in gefährlichen Situationen Herr zu werden, ihn seine Aufgabe erfüllen zu lassen, ihn aber auch sicher wieder zurückzubringen.

Die Ausbildung solcher Hundespezialisten beginnt schon sehr früh, meistens ab der fünften bis achten Lebenswoche. Unter Ausnutzung der Prägungsphasen werden die Welpen durch speziell geschultes Personal spielerisch auf ihre künftigen Aufgaben vorbereitet. Dazu gehört, dass sie ihr Umfeld und verschiedene Umwelteinflüsse kennenlernen, mit anderen Hunden sozialisiert und an Menschen gewöhnt sind. Mit ungefähr 15 Monaten beginnt die eigentliche Ausbildung vom Hundeführer

So klein und schon ein Polizeihund

selbst unter Anleitung und Führung von geschultem Ausbildungspersonal.

Während der Ausbildung bis zum gewünschten Ausbildungsziel, an dem der Hund für die Erfüllung seines Dienstes auf dem künftigen Aufgabengebiet qualifiziert ist, wird er voll in die Familie seines Hundeführers integriert und lebt mit ihm unter einem Dach. Neben der Schulung des Hundes erfährt natürlich auch sein Hundeführer die notwendige Ausbildung, um mit seinem vierbeinigen Kollegen entsprechend umgehen zu können.

Polizeihunde

Dass Polizisten von Hunden unterstützt werden, hat eine lange Tradition. Die Anfänge liegen wahrscheinlich im 12. Jahrhundert in Frankreich. In Österreich hat der Beamte erst Anfang des 20. Jahrhunderts seinen kaltschnäuzigen Begleiter. Bei uns begann der Einsatz von Diensthunden im internationalen Vergleich sehr spät, angeblich war das Misstrauen gegen Neuerungen der Grund für diesen verspäteten Einsatz.

Die österreichischen Polizeihunde, kurz PDH und im Funkruf Tasso genannt, durchlaufen eine schwierige Ausbildung, und die Einsatzmöglichkeiten sind vielfältig. So sind die treuen Begleiter Suchtgift-, Sprengstoff- und Leichenspürhunde auch am und im Wasser, sie finden vermisste oder gesuchte Personen, das nennt man Mantrailing, sie überwachen ihnen zugewiesene Areale, erstöbern Menschen oder Gegenstände, erkennen die Ursachen von Bränden und haben sogar erlernt, Falschgeld und gefälschte Dokumente zu erkennen. Die Hunde bekommen alle eine Ausbildung zum Schutz- und Suchhund, bei

besonderer Eignung eine zusätzliche Spe-
zialausbildung.

Außer den bekannten Schutz- und
Spüraufgaben haben die Polizeihunde
auch die wichtige Aufgabe der Präventi-
on. Sie begleiten ihre Hundeführer auf den
täglichen Streifengängen, aber auch beim
Ordnungsdienst rund um Fußballspiele,
Demonstrationen und andere Großveran-
staltungen. So mancher Randalierer oder
Rowdy hat sich sein Vorhaben nach dem
Aufblitzen der 42 Zähne eines Polizei-
diensthundes noch einmal überlegt.

Zu Beginn wurden in der Polizeidienst-
hundeeinheit vorrangig Deutsche Schäferhunde eingesetzt, dann kamen Terrier, Boxer, Riesenschnauzer, der Dobermann
und vor allem Rottweiler dazu. Die heute am häufigsten eingesetzte Rasse ist
der Belgische Schäfer, meist die Variante
des Malinois. Ausgebildet werden unsere
Polizeihunde in Wien Strebersdorf oder
in Bad Kreuzen in Oberösterreich. Die
besten Erfolge zeigt die positive Motiva-
tion des Hundes. Darum wird hier viel mit
dem Klicker gearbeitet, der Hund hört das
Klicken und weiß automatisch: Ich habe
es richtig gemacht und bekomme eine Belohnung.

Rettungshunde

Die Ausbildung zum Rettungshund dauert
zwei Jahre und wird durch eine Prüfung
abgeschlossen. Bei uns ist der Rettungshund hauptsächlich dafür verantwortlich,
als Suchhund vermisste oder verschüttete
Personen ausfindig zu machen. Der Großteil der Einsätze findet in der Flächensu-

Einer der ersten Polizeihunde Wiens
(um 1909)

Extrablatt! Die schlauen Diensthunde waren auch 1909 schon im Interesse der Medien

Auch Rettungshunde brauchen einmal eine Pause

sorgt, weswegen man sagt, dass der Hund eine Million Mal besser riecht als der Mensch.

Durch diese Eigenschaften werden Rettungshunde auf der ganzen Welt gebraucht. Vor allem nach Katastrophen wie Erdbeben, Hauseinstürzen oder Bombenangriffen ist es wichtig, dass Hunde aus verschiedensten Erdteilen schnell vor Ort sein können, um den Menschen zu helfen. Gute Organisation ist dabei alles, immerhin entscheiden die ersten beiden Tage darüber, wie viele Lebende unter den Trümmern gefunden werden können. Auch die Feuerwehr Wien verfügt über eine sehr erfolgreiche Rettungshundestaffel, die weltweit mit großem Erfolg Menschenleben rettet.

che statt. Dabei durchstreift der Rettungshund großräumig das Gelände und zeigt dem Hundeführer durch Bellen den Standort der gefundenen Person an. Wichtig ist, dass der Hund diese Person dann nicht mehr verlässt, bis Hundeführer oder Helfer eingetroffen sind.

Spezialisierte Rettungshunde lassen sich auch bei der Trümmersuche einsetzen, vor allem bei eingestürzten Häusern, nach Murenabgängen und Erdbeben. Diese intelligenten Tiere können Menschen orten und anzeigen, die bis zu zehn Meter tief verschüttet sind. Mit diesem Können sind sie schneller und genauer als jedes technische Gerät. Der Mensch hat ungefähr fünf Millionen Riechzellen in der Nase, der Hund mehr als 200 bis 250 Millionen. Die Länge seiner Schnauze ist ein Indikator: Je länger die Nase, desto mehr Riechzellen. Damit ist seine Schnüffelleistung mindestens 40 Mal besser als die unsere. Und das ist noch immer nicht alles. Durch die schnelle Atmung – bis zu 300 Mal pro Minute – wird die Hundenase ständig mit neuen Geruchspartikeln ver-

Militärhunde

Die Geschichte von Hunden beim Militär geht zurück bis in die Antike. Das persische Heer setzte sie schon 600 vor Christus auf dem Schlachfeld ein, und das schauten sich die Römer, die Griechen, die Byzantiner und die Assyrer schnell ab. Bei den Römern war der Rottweiler der Geleithund der Legionen. Der Beginn des Militärhundewesens in Österreich war 1914, zum Ausbruch des ersten Weltkriegs. Damals wurde die k. & k. Kriegshundeschule in Wien-Währing gegründet.

In Österreich sind die Aufgaben des Militär-Diensthundes denen des Polizeihundes sehr ähnlich. Vor allem verbringt er seine Zeit mit dem Schutz und der Überwachung militärischer Anlagen. In ihrer Ausbildung werden die Hunde auf das Aufspüren und Erkennen von Drogen und Sprengstoff geschult und sowohl im Inland als auch im Ausland meistens präventiv eingesetzt.

Beim Bundesheer arbeitet man zu 90 Prozent mit Rottweilern, er ist also die bei Weitem wichtigste Rasse, unser Heer verfügt über die größte Rottweilerzucht der Welt. Mehr als 1.800 Hunde wurden schon gezüchtet und eingesetzt, auch der Deutsche und der Belgische Schäfer werden hier ausgebildet.

Historisches Gemälde eines Militärhundes aus dem Archiv des Wiener Kriminalmuseums

Jeder Hund arbeitet mit seinem Hundeführer im Team, beide werden jährlich getestet und dürfen nach erfolgreich abgelegter Prüfung für ein weiteres Jahr ein Team bleiben. Mensch und Tier leben zusammen, der Hund ist komplett in die Familie integriert, die bei Erkrankung des Hundeführers den Hund auch weiter zu versorgen hat.

Diensthunde bei der Zollverwaltung

Ähnlich wie bei Polizei und Militär wird auch der Diensthund beim Zoll für Schutz und Spüraufgaben herangezogen. Jeder Hund hat eine Ausbildung zum Schutzhund, aber auch zum Spürhund mit mehreren Spezialisierungen. Der Zollhund erschnüffelt Drogen, Waffen, Sprengstoff, Bargeld, Tabak, und seit 2007 gibt es die sogenannten Artenschutzhunde. Sie

sind darauf spezialisiert, im Gepäck der Reisenden Artefakte von artengeschützten Tieren oder noch lebende Exemplare zu finden. Wie man danach sucht, lernen die Hunde auf Exkursionen in den Schönbrunner Tierpark. Das Geheimnis dabei liegt darin, den Hund durch geschickten Einsatz seines Spiel- und Beutetriebes dazu zu bringen, das geforderte Erkennen und Anzeigen des spezifischen Geruches mit dem angenehmen Erlebnis einer ausgiebigen Belohnung zu verbinden. Gilt es, lebende Tiere zu suchen, ist das eine besonders große Herausforderung. Das passive Anzeigen ist fast noch schwieriger, weil es dem instinktiven Jagdtrieb des Hundes widerspricht. Der Hund muss seinen Fund stumm und ohne für einen Außenstehenden erkennbare Hinweise anzeigen, was zum Beispiel bei Sprengstoff besonders wichtig ist, damit kein Schmuggler durch Bellen gewarnt wird. Auch diese Hunde dürfen ihre Freizeit bei ihrem Hundeführer im Familienverband verbringen.

Spürhunde bei der Justizwache

Seit November 2007 gibt es bei der Justiz-wache einen Suchtgift-Spürhund im Einsatz. Brooke heißt die Malinois-Dame, sie und fünf weitere Diensthunde der Bundespolizei wur-den zur Drogensuche ausgebildet und sollen Zellen, Aufenthaltsräume und Freiräume der Gefangenen auf verbotene Substanzen durch-suchen. Seit die Justizwache über ihren eige-nen Hund verfügt, können Razzien viel schnel-ler und mit weniger Vorlaufzeit durchgeführt werden. Ziel ist die Abschreckung, um den Drogenkonsum in Gefängnissen einzudäm-men.

Brooke wird öfter fündig, ein Vollprofi wie sie findet selbst winzige Mengen, und die so ziemlich überall. Gegenstände des täglichen Lebens wie Plüschtiere oder eine Zuckerdose sind beliebte Verstecke. Was die meisten nicht wissen: Schon nach kurzer Lagerung dringt ein unverkennbarer Geruch durch jede Tar-nung hindurch, der von einem ausgebildeten Spürhund rasch erkannt wird. Alle gängigen Suchtmittel von Heroin, Kokain und Cannabis bis Ecstasy und Amphetaminen sind für Ex-perten wie Brooke kein Problem. Ungefähr 20 Minuten kann ein Spürhund die volle Leistung halten, dann braucht er eine Ruhepause.

Diensthunde in Pension

Diensthunde haben ihre leistungsstärksten Jahre im Alter zwischen drei und acht Jahren. Weil die Hunde ein sehr anstrengendes, auf-regendes Leben führen und auch nachts im Einsatz sind, dürfen sie in eher jungen Jahren in Rente gehen. Ein völlig gesunder Hund von neun Jahren ist durchaus in pensionsfähigem Alter. Üblicherweise wird er dann dem Hun-deführer übergeben und darf bei ihm daheim das Leben eines ganz normalen Hundes genie-ßen. Dafür bekommt der Hundeführer etwa bei der Wiener Polizei einen Futterzuschuss von 143 Euro im Jahr, was wie jeder Hundebe-sitzer weiß, rasch aufgefressen ist. Was noch anfällt, zahlt der Beamte aus eigener Tasche.

Ein Pensionsschock bei Diensthunden ist nicht unmöglich. Mitunter sterben die Tiere sogar kurz nach Dienstende. Man erklärt sich das damit, dass sie nun beim Herrchen nicht mehr die erste Geige spielen. Immerhin hat der Beamte länger als neun Jahre im Leben zu arbeiten und bekommt einen neuen Dienst-hund, den er ausbilden und deshalb sehr viel Zeit mit ihn verbringen muss. Das kränkt die ausrangierte Hundeseele in seltenen Fällen bis zum Tod. Die meisten Tiere kommen ganz gut mit ihrem gemächlicheren Alltag zurecht und fühlen sich als Familienhund pudelwohl. (Text: Uli Kasess)

Informationen im Internet

Internationale Rettungshunde Organisation
Web: www.iro-dogs.org

Österreichischer Rettungsdienst
Web: www.rettungshunde-org.at

Militärhundezentrum
Web: www.bmlv.gv.at/organisation/beitrae-ge/kdoeu/milhunde/index.shtml

Zoll Diensthunde
Web: www.bmf.gv.at/betrugsbekaempfung/zoll/diensthunde.html

Rettungshunde der Feuerwehr Wien
Web: www.feuerwehrwien.at/html/hunde.html

Alles, was Recht ist

Gesetzeskunde für Hunde

Es ist vielleicht keine Lektüre, die man sich gern ins Bett mitnimmt, außer man will heute einmal statt Schafen Paragraphen zählen. Wissenswert ist es trotzdem. Also:

Hundehalter sind dazu verpflichtet, ihr Tier artgerecht zu halten und zu vermeiden, dass es zur Gefahr für Menschen oder andere Tiere wird. Man hat für artgerechte Ernährung, medizinische Versorgung, ausreichend Platz, Bewegungsfreiheit und Sozialkontakt für das Tier zu sorgen. Die wichtigsten Rechtsvorschriften finden sich im seit 2005 bundesweit einheitlichen Tierschutzgesetz, in der 2. Tierhaltungsverordnung und dem Wiener Tierhaltegesetz.

Für die Überprüfung und Exekutierung sind in Wien die für Veterinärdienste und Tierschutz zuständige Magistratsabteilung 60 und die Polizei zuständig. Aber auch die Tierschutzombudsstelle hat ein Wörtchen mitzureden. Eine Nichteinhaltung der Ge-

STRAFVERFÜGUNG

Sie haben am 27.03.2010 um 10:25 Uhr in der öffentlich zugänglichen Parkanlage in 1020 Wien, Augarten den von Ihnen verwahrten Hund, **mittelgroßer Mischling**, nicht an der Leine geführt.

Sie haben dadurch folgende Rechtsvorschriften verletzt:
§ 13 Abs.2 Z.4 in Verbindung mit § 5 Abs.2 und Abs.9 des Gesetzes über die Haltung von Tieren (Wiener Tierhaltegesetz), LGBl. für Wien Nr. 39/1987, in der geltenden Fassung

Wegen dieser Verwaltungsübertretung wird über Sie folgende Strafe verhängt:
Geldstrafe von € 230,00, falls diese uneinbringlich ist,
Ersatzfreiheitsstrafe von 1 Tag 14 Stunden,

gemäß § 13 Abs.2 Wiener Tierhaltegesetz.

Ein Parkspaziergang ohne Leine kann viel Geld kosten

setze kann verdammt teuer werden. Wer beispielsweise keine Haftpflichtversicherung für Wasti abschließt oder als Besitzer eines hundeführscheinpflichtigen Listenhundes beim Gassi gehen einen amtlichen Lichtbildausweis nicht dabei hat, kann bis zu 3.500 Euro Strafe ausfassen. Bis zu 14.000 Euro kann es kosten, wenn Hunde zur Gefahr für andere Menschen werden. Diese hohe Geldstrafe kann theoretisch auch verhängt werden, wenn man Maulkorb- oder Leinenpflicht missachtet. Schlimmstenfalls sind die Behörden sogar befugt, einem den Hund wegzunehmen und Tierhaltungsverbote auszusprechen, wenn der Halter das Tier nicht nach den gesetzlichen Auflagen hält.

Die wichtigsten Vorschriften für Wiener Hundehalter im Überblick

Melde- und Abgabenpflicht

Sobald ein Hund fix nach Wien übersiedelt oder seine ersten drei Lebensmonate hinter sich gebracht hat, muss er bei der Magistratsabteilung 6 gemeldet werden, und der Besitzer wird zur Kasse gebeten. Pro Jahr kostet die Hundeabgabe 72 Euro, für weitere Hunde 105 Euro. Die blecherne Hundemarke gibt es in Wien seit 2012 nicht mehr, Informationen über die Hundeabgabe werden nun über den elektronischen Chip abgelesen.

> ### Magistratsabteilung 6
>
> Rechnungs- und Abgabenwesen
> Friedrich-Schmidt-Platz 3
> 1082 Wien
> Tel.: 01-400007620
> Web: www.wien.gv.at/amtshelfer/finanzielles/rechnungswesen/abgaben/hundeabgabe.html

Mikrochip

Ein elektronischer Chip für Hunde ab einem Alter von drei Monaten ist seit 2010 österreichweit verpflichtend. Er erleichtert bei entlaufenen oder gestohlenen Hunden die Suche nach dem Besitzer des Tieres. Der Chip wird vom Tierarzt an der linken Halsseite des Hundes implantiert, die Kosten dafür trägt der Hundehalter. Der einmalige Nummerncode des Chips muss samt der Kontaktdaten der Besitzer in der Heimtierdatenbank des Gesundheitsministeriums registriert werden. Die Registrierung kann man selbst erledigen, der Tierarzt oder die MA 60 sind dabei aber auch behilflich.

> ### Zentrale Heimtierdatenbank des Bundesministeriums für Gesundheit:
>
> heimtierdatenbank.ehealth.gv.at
>
> ### Private Datenbanken:
>
> Animal Data: www.animaldata.com
> Petcard: www.petcard.at
> IFTA: www.tierregistrierung.de

Versicherung

Vorgeschrieben ist der Abschluss einer Haftpflichtversicherung mit einer Deckungssumme von mindestens 725.000 Euro.

Führschein für bestimmte Rassen

Halter eines Listenhundes müssen die Prüfung zum verpflichtenden Hundeführschein ablegen.

Leinen- oder Maulkorbzwang

In Wien hat man an allen öffentlichen Orten wie Straßen oder Plätzen die Wahl zwischen Leine und Beißkorb. Eines davon muss man

Sitz und Platz verboten!

schon vor der eigenen Wohnungstüre anlegen, denn als öffentlich gelten auch Stiegenhäuser und Höfe. Orte mit Hundeverbot, bei der auch Leine oder Beißkorb nichts nützen, sind eigens gekennzeichnet.

Nur mit Halsband dürfen sich Wiener Hunde nur in privaten Räumen und in gekennzeichnete Hundezonen und Auslaufflächen aufhalten. Leinenpflicht herrscht in öffentlichen Parkanlagen, ein Beißkorb ist überall dort vorgeschrieben, wo viele Menschen zusammenkommen. Dazu zählen auch Lokale, Geschäfte und Veranstaltungen.

Haltung von Hunden

Die 2. Tierhaltungsverordnung (Anlage 1) gibt die Mindestanforderungen für die Hundehaltung vor: Hunde müssen mindestens einmal täglich die Möglichkeit zum Auslauf haben und mehrmals täglich im Freien äußerln können. Sozialkontakt zum Menschen muss es mindestens zweimal täglich geben, frisches Wasser muss rund um die Uhr für Waldi bereitstehen. Neben der artgerechten Fütterung müssen Hunde auch der Rasse entsprechend gepflegt und medizinisch versorgt werden. Sogar Floh & Co. hat der Gesetzgeber

bedacht. Impfungen für den Hund sind in Österreich nicht gesetzlich vorgeschrieben, solange das Tier innerhalb der Staatsgrenzen bleibt.

Das Gesetz diktiert auch sehr detailliert, wie Zwinger oder Räume, in denen Hunde gehalten werden, ausgestattet sein müssen. Hier gibt es beispielsweise Auflagen zur Raumtemperatur, zur Beschaffenheit des Bodens, zu Frischluftzufuhr und Tageslichteinfall. Auch bei der Haltung eines Hundes im Freien gibt es Auflagen, beispielsweise ist der Schutz vor Witterungsverhältnissen vorgeschrieben.

Tierhaltungsverordnung

Web: www.ris.bka.gv.at/GeltendeFassung.wxe?Abfrage=Bundesnormen&Gesetzesnummer=20003860

Mietrecht

Die gängige Mietvertragsklausel „Dem Mieter ist es nicht gestattet, Haustiere zu halten" wurde vom Obersten Gerichtshof für unwirksam erklärt. Der Vermieter kann Mietern nicht generell verbieten, ein Haustier zu halten. Aber er kann im Vertrag festhalten, welche Tierarten unerwünscht sind – und damit explizit die Haltung eines Hundes verbieten. Er hat auch das Recht, ein Kündigungsverfahren einzuleiten, wenn das Tier Lärm, Schmutz und Gestank verursacht oder gefährlich ist. Wenn ein bereits abgeschlossener Mietvertrag über die Haustierhaltung nichts aussagt, darf der Vermieter einseitig keine Änderungen vornehmen, und Wasti darf einziehen.

Die wichtigsten Verbote in der Hundehaltung im Überblick

Tierquälerei: Es ist verboten, Hunden Schmerzen, Leiden oder Schäden zuzufügen oder sie in Angst zu versetzen.

Hunde dürfen keinen extremen Temperaturen, Witterungseinflüssen oder Sauerstoffmangel ausgesetzt werden (z.B. bei der Verwahrung im heißen PKW).

Verboten ist die Vernachlässigung bei Unterbringung, Ernährung und Betreuung, wenn damit Schmerzen, Leiden, Schäden oder Angst verbunden sind.

Hunde dürfen nicht ausgesetzt oder verlassen werden.

Welpen dürfen erst ab einem Alter von acht Wochen von der Mutter getrennt werden.

Erwerb, Besitz und Verwendung von Stachel- und Korallenhalsbändern und elektronischen oder chemischen Dressurgeräten oder Hilfsmitteln, die das Verhalten des Tieres durch Härte oder Strafreize beeinflussen, sind verboten.

Absolutes No-Go: Tierkämpfe, das Abrichten auf Schärfe an einem anderen Tier und das Hetzen auf andere Tiere.

Strafbar sind Eingriffe ohne medizinische Indikation wie das Kupieren von Ohren und der Rute, das Durchtrennen und Entfernen von Stimmbändern, Krallen und Zähnen.

Die dauernde Anbindung und Kettenhaltung ist ebenso wenig erlaubt wie eine dauernde Zwingerhaltung.

Nicht zulässig sind Qualzüchtungen und Züchtungen zur Erhöhung der Aggressivität.

Hunde dürfen nicht ohne vernünftigen Grund getötet werden.

Bundesministerium für Gesundheit

Radetzkystraße 2
1030 Wien
Tel.: 01-711000
Mail: buergerservice@bmg.gv.at
Web: www.bmg.gv.at

Wiener Tierhaltegesetz:

www.wien.gv.at/recht/landesrecht-wien/
rechtsvorschriften/html/l2000000.htm

Österreichisches Tierschutzgesetz:

bmg.gv.at/home/Schwerpunkte/Tiergesundheit/Tierschutz/Tierschutzgesetz

Streitfall Hund

Durchs Reden kommen die Leute zusammen. Manchmal braucht es aber auch Unterstützung bei der Schlichtung eines Streitfalls. Hier können eigens spezialisierte Sachverständige zur Beurteilung der Situation, aber auch auf Tierrecht spezialisierte Anwälte weiterhelfen.

Manche Verbote werden hinterrücks ausgesprochen

Reinhard Schäfer

Rechtsanwalt, Verteidiger in Strafsachen
Hauptstraße 37
1140 Wien
Tel.: 01-5325325
Mail: ra-schaefer@netway.at
Web: www.ra-schaefer.at

Sebastian Klackl

Rechtsanwalt, Verteidiger in Strafsachen
Marktplatz 15
2380 Perchtoldsdorf
Tel.: 01-8900061
Mail: kanzlei@ra-klackl.at
Web: www.ra-klackl.at

Markieren unerwünscht

Bitte keine Rudelbildung!

Das Wiener Veterinäramt

Die MA 60 ist für den Vollzug des Tierschutzgesetzes in Wien zuständig und fungiert in Angelegenheiten des Wiener Tierhaltegesetzes als sachverständige Dienststelle für die Landespolizeidirektion, wenn es um gefährliche Tiere geht. Und dazu gehören leider auch manchmal Hunde.

Über die Tierschutz-Helpline 01-4000-8060 kann man sich als Hundebesitzer mit unterschiedlichen Fragen rund um den Hund direkt an die Amtstierärzte der MA 60 wenden. Detailinformationen werden auf Wunsch auch schriftlich zugesandt. Es gibt einige kostenlose Informationsbroschüren und in besonderen Fällen auch Beratung vor Ort.

Die wichtigsten Themen, bei denen die MA 60 Hilfestellung leistet:

- Ein- und Ausreisebestimmungen für Tiere bei Reisen oder Übersiedlungen.
- Lost and Found: verschwundene oder zugelaufene Tiere.
- Gesetzliche Bestimmungen zu Haltung und Umgang mit Tieren.
- Anzeigen von Tierquälerei.
- Unterstützung, wenn man sich von seinem Tier trennen muss.
- Kontaktherstellung mit Tierschutzvereinen, Verbänden und Institutionen.
- Hundesteuer, Hundezonen, Maulkorb- und Leinenpflicht.
- Verpflichtender und freiwilliger Hundeführschein.

Die ehemalige Vieh- und Fleischmarktkassa am Wiener Zentralviehmarkt - heute Sitz der Magistratsabteilung 60.

Magistratsabteilung 60

Veterinärdienste & Tierschutz
Karl-Farkas-Gasse 16
1030 Wien
Tel.: 01-40008060
Mail: tierschutz@ma60.wien.gv.at
Web: www.tierschutzinwien.at oder www.tiere.wien.at

Die Wiener Tierschutz-ombudsstelle

Durch die Novellierung des Tierschutzgesetzes wurde 2005 in jedem Bundesland eine Tierschutzombudsstelle eingerichtet. In Wien sind Tierschutzombudsmann Hermann Gsandtner und sein Team dafür zuständig, die Interessen des Tierschutzes zu vertreten. Hundehalter können sich bei rechtlichen Fragen, Anliegen zu Hundezonen und Auslaufplätzen oder Unklarheiten bei der Leinen- und Maulkorbpflicht an die Ombudsstelle wenden oder Fälle von Tierquälerei melden. Auch Fragen zur artgerechten Unterbringung, Haltung und Pflege der Tiere und zum freiwilligen Hundeführschein werden hier beantwortet.

„Hund und Kaufrecht – Ein juristischer Leitfaden für alle, die sich einen Vierbeiner anschaffen wollen." Die Broschüre beschreibt verständlich und übersichtlich, was man beim Kauf eines Hundes beachten sollte, Rechte des Hundekäufers, Pflichten des Verkäufers, Haftungs- und Schadensersatzfragen und liefert auch einen praktischen Musterkaufvertrag mit. Der Leitfaden ist kostenlos bei der Tierschutzombudsstelle erhältlich.

Tierschutzombudsstelle Wien

Leitung: Hermann Gsandtner
Muthgasse 62
1190 Wien
Tel.: 01-318007675079
Mail: post@tow-wien.at
Web: www.tieranwalt.at

Wir müssen was klären, du Hund

Wie Sachverständige helfen können

Mein Hund bellt mir abends täglich was vor. Diese Gute-Nacht-Geschichte hören auch alle anderen, worauf ich mir wieder was anhören kann. Rechtfertigungen, Diskussionen und die Drohung, angezeigt zu werden, kennen viele Hundehalter. Manchmal reicht ein Gespräch, um die Sache in Ordnung zu bringen, manchmal braucht man eine Sachverständige für Hunde. Yvonne Adler ist so eine.

Welche Themen behandelt man als Sachverständige für Hunde?

Gefahrenprävention, Beißvorfälle, Zuchtfragen, Rassefeststellungen oder problematische Verhaltensweisen, auch tierschutzrelevante Ausbildungsmethoden gehören dazu. Ich erstelle fachlich fundierte Befunde, Stellungnahmen oder Gutachten. Die können in privaten Streitfällen gebraucht werden, oder im Auftrag des Gerichts verlangt werden. In beiden Fällen leisten sie oft wertvolle Dienste bei der Klärung einer Situation.

Darf ein Hund im Garten oder in der Wohnung bellen? Kann das für die Besitzer zum Problem werden? Und wie reagiert man bei Beschwerden der Nachbarn?

Grundsätzlich gehört Bellen zum normalen Verhaltensrepertoire von Hunden.

Damit ist klar, dass mit der Hundehaltung auch das Bellen zum Alltag gehört. Wichtig ist aber, dass durch die eigene Tierhaltung niemand „unzumutbar belästigt" werden darf. Deshalb müssen folgende Fragen geklärt werden: Bellt der Hund nur kurz und zieht sich dann wieder zurück? Dann ist das vertretbar. Verfällt er in monotones Bellverhalten, das den ganzen Tag andauern kann? Wird die Nachtruhe der Nachbarn beeinträchtigt, und wird es dadurch zur Lärmbelästigung? Das ist nicht vertretbar und muss mit dem Nachbarn geklärt werden.

Muss man einen Sachverständigen zu Rate ziehen, wenn der Hund jemanden beißt?

Je nachdem, welche Folgen der Beißvorfall hat, kann es zu einer Anzeige oder auch einer Gerichtsverhandlung kommen. Ein fachlich fundiertes Gutachten erstellen zu lassen, hat in jedem Fall einen Sinn, weil damit eine objektive Gesprächsgrundlage geschaffen werden kann. Die Beurteilung durch eine außenstehende Person kann Gewissheit in eine oftmals sehr emotionale Situation bringen.

Nehmen wir an: Mein Nachbar findet meinen Hund aggressiv, er fürchtet sich,

wird eine Begutachtung des Hundes und der Sachlage vor Ort durch den Amtsveterinär durchgeführt. Sollte tatsächlich eine Gefährdung durch den Hund nachgewiesen werden, erhält der Hundehalter spezielle Haltungsauflagen. Es kann zum Beispiel sinnvoll sein, den Hund mit Maulkorb und Leine zu sichern.

Die studierte Tierpsychologin Yvonne Adler ist eine akademisch geprüfte Kynologin und eine der ersten „Tierschutzqualifizierten Hundetrainerinnen" mit dem staatlichen Gütesiegel des österreichischen Bundesministeriums und eine „allgemein beeidete und gerichtlich zertifizierte Sachverständige für Hunde". Adler ist auch Referentin im In- und Ausland und neben ihrer täglichen Arbeit mit „Mensch und Hund" ist sie Buchautorin und Kolumnistin für Fachmagazine.

Die Sachverständige und Hundetrainerin Yvonne Adler

aus der Wohnung zu gehen, aus Angst ihm zu begegnen. Man selbst kann diese Angst nicht nachvollziehen. Was ist zu tun?

Meist liegen in so einem Fall zwischenmenschliche Probleme vor. In jedem Fall ist ein sachlich, klärendes Gespräch anzustreben, in dem die Ängste des Nachbarn ernst genommen werden müssen. Im schlimmsten Fall kann es zu einer Anzeige kommen. Wenn das passiert,

Adler Dogs

Hunde(halter)schule & Hundetraining
Zufahrt Höhe Himberger Straße 78
2320 Schwechat
Tel.: 0664-3454602
Mail: office@adler-dogs.at
Web: www.adler-dogs.at

Eine Klasse für sich
Was Kinder über Hunde wissen sollten

Pfote geben: Schulhunde wissen, wie sie Kinder begeistern können

te den Kindern spielerisch den respektvollen Umgang mit den Tieren näherbringen und gleichzeitig Ängste abbauen. Kinder sollen lernen, Hunde einzuschätzen." Daily Sunshine nur zu streicheln, genügt da nicht, es ist auch ein gewisses Grundwissen gefragt. Warum soll ich stehen bleiben, wenn ein Hund auf mich zuläuft? Warum soll ich immer den Besitzer des Hundes fragen, wenn ich ihn streicheln will? Die Kinder lernen, wie man Unfälle vermeidet und Angst bewältigt. Sie lernen die Körpersprache der Tiere zu verstehen, erfahren, woher der Hund kommt und was er frisst. Wichtiges Wissen, um Hunde zu verstehen.

Elisabeth Mannsberger und ihre Hündin sind ein eingespieltes Team. Schulhunde müssen bestens erzogen sein, gepflegt und ausreichend geimpft. Und sie müssen ein ruhiges, ausgeglichenes Wesen und ein sehr gutes Verhältnis zu Kindern haben. Aber Schulhunde können noch viel mehr, sie wissen zum Beispiel, wie man Kindern spielerisch etwas entlockt. „Bei einem Besuch mit einem Schulhund hat ein Kind, das sonst nie im Kindergarten spricht, zum ersten Mal gesprochen", erzählt Elisabeth Mannsberger. „Der Wunsch, mit dem Hund Kontakt aufnehmen zu dürfen, war so groß,

Spitze Nase, freundliche Augen und ein Blick, der nichts übersieht. Die Lehrerin ist allen auf Anhieb sympathisch, was möglicherweise daran liegt, dass sie eine Hündin ist. Daily Sunshine unterrichtet das Fach „Umgang mit Hunden". Zweimal in der Woche geht sie dafür in Schulen und Kindergärten. Ihr Frauerl, Elisabeth Mannsberger, ist für die Theorie zuständig, die Schweizer Schäferhündin für die Praxis. Sie will den Kindern zeigen, wie man mit ihr und ihren Artgenossen richtig gut auskommt.

Ihre Botschaft ist klar: Vor mir braucht man keine Angst haben. „Es muss nicht jeder ein großer Hundefreund werden", erklärt Elisabeth Mannsberger. „Ich möch-

dass das Mädchen ihr Schweigen gebrochen und mich gefragt hat, ob sie meinen Hund streicheln darf. Die zuständigen Kindergartenpädagoginnen waren völlig überwältigt. Für mich ist es immer wieder faszinierend, was unsere Hunde in so kurzer Zeit bewirken."

Sieben Schulhunde sind in Wien und Umgebung unterwegs. Ihr Ziel: Ein konfliktfreies Zusammenleben zu fördern. Meistens kommen die Teams direkt in die Schule oder in den Kindergarten. Manchmal kommen aber auch die Kinder in das Schulhunde-Kompetenzzentrum im 21. Bezirk, mitunter in Gruppen, mitunter zum Einzeltraining. Elisabeth Mannsberger: „Wenn ein Kind oder ein Erwachsener große Angst vor Hunden hat, versuchen wir einmal ohne Hund herauszufinden, was denn passiert ist und wovor das Kind Angst hat. Dann erstellen wir einen Trainingsplan und bauen schrittweise den Hund mit ein. Gemeinsam versuchen wir, die Angst abzubauen."

Auch Kinder, die ihr Herz schon längst an Hunde verschenkt haben, sind gern gesehen. Für sie gibt es in den Ferien Kurse, der Hundekeks-Backworkshop ist dabei sehr beliebt. Den Erwachsenen bietet das Zentrum Aus- und Weiterbildungskurse, vom Unterrichtsministerium anerkannte Eignungstests für den Schulhund, Workshops für Kindergartenpädagoginnen und Lehrer zum Thema Mensch-Tier-Beziehung, Kurse in Sachen Erste-Hilfe oder Angstbewältigung und Infoabende zu allen möglichen Themen rund um den Hund in der Stadt. Und nicht zuletzt können auch die Vierbeiner hier die Schul-

Langsam beschnüffeln: Vertrauen aufbauen zwischen Tier und Kind

bank drücken. Welpenkurse, Einzeltrainings mit dem Hund, Vorbereitungen und Prüfungen zum – verpflichtenden und freiwilligen – Hundeführschein. Mitglied muss man nicht sein. Jeder ist willkommen, um seine Hunde- und Menschenkompetenz zu erweitern. Was dabei herauskommt, ist mehr als eine gute Beziehung: Hund und Mensch rücken näher zusammen.

Wiener Hundekompetenz-Zentrum

Projektleitung: Elisabeth Mannsberger
Petritschgasse 30
1210 Wien
Tel.: 0676-897246100
Mail: schulhund@schulhund.at oder
office@hundeschule-mannsberger.at
Web: www.schulhund.at

Kosten für den Schulhund-Besuch: In Wien übernimmt das Umweltstadtbüro die Gebühr von 2,50 Euro für insgesamt 4.000 Kinder jährlich.

Versicherung & Schutz

Es ist nicht das, woran man als Erstes denkt, warum man sich einen Vierbeiner ins Haus holt. Aber wenn das Haus abbrennt, weil der Hund die Kerze umgeworfen hat, ist man froh, dass man sie hat, die Versicherung. Und man braucht sie nicht nur, wenn es brennt. Man weiß ja nie, was so einem Tier einfällt. Der Hund rennt in ein Auto, springt jemanden an oder zerbeißt die Schuhe vom Gastgeber. Alles keine Märchen, alles schon passiert. Kurz: Die Haftpflicht braucht man als Hundehalter. Sie ist allerdings nicht die einzige Möglichkeit, seinen Vierbeiner eine Polizze zukommen zu lassen. Wir haben uns den Versicherungsmarkt angesehen.

Hund, es sei dir versichert

Von Haftpflicht bis Vorsorge

Es ist gut, dass man sie hat, wenn man sie braucht. Die Versicherung für den Hund. Er kann noch so gut erzogen sein und trotzdem die andere Straßenseite viel grüner finden. Philosophische Diskussionen führt er davor selten, er flitzt los, über die Straße, rein ins Auto. Hund und Autofahrer passiert zum Glück nichts, nur das Auto hat einen gehörigen Kratzer von der Straßenlaterne. Was steht die auch so blöd herum? Und dann sind Hund und Mensch endlich erschöpft bei einer Freundin daheim angekommen, der Mensch kaut die Geschichte noch einmal durch, der Hund die neuen Designerschuhe der Gastgeberin. Das alles muss nicht passieren, ist aber schon passiert. Und Besitzer haften für ihre Tiere, wenn sie was anstellen. Und nicht nur dafür kann eine Versicherung sinnvoll sein, wir haben uns angeschaut, was sich noch so alles am Versicherungsmarkt tummelt.

Haftpflicht-Versicherung

In Wien ist die Haftpflichtversicherung für Hunde verpflichtend. Die ist aber nicht immer, wie viele meinen, automatisch in der Haushaltsversicherung inkludiert. Man sollte also immer extra nachfragen. Ist sie nicht enthalten, kann man seinen Vierbeiner mit einer Zusatzdeckung in die Haushaltsversicherung nehmen. Wichtig ist dabei, dass das Fremdhüterrisiko inkludiert ist, damit der Versicherungsschutz auch dann wirkt, wenn man seinen Hund einmal zu Freunden oder zum Hundesitter gibt. Leben mehrere Hunde im Haushalt, braucht man meistens eine Tierhalter-Haftpflichtversicherung. Nahezu jede größere Versicherung bietet eine an. Einsteigerpreise ab 7 Euro im Monat. Die Prämie kann man sich aber individuell auf den jeweiligen Seiten berechnen lassen.

Krankenversicherung

Eine Krankenversicherung für den Vierbeiner ist so eine Sache. Im Idealfall überlegt man sich schon bei der Anschaffung des Hundes, ob man für ein Hundeleben lang genügend Geld für den Tierarzt auf der Seite hat, es lieber in ein Notfall-Sparschwein einwirft oder in eine Versicherung einzahlt. Fix ist: Eine OP bei einem Hund kann schon ein paar tausend Euro kosten. Und wenn es im Alter soweit ist, nehmen viele Versicherungen einen Hund von sechs oder sieben Jahren nicht mehr auf. Hat man diese Fragen für sich geklärt, kommt der komplizierte Teil. Basis-Krankenversicherung, Tarif-Komfort oder Tarif-OP – es gibt die unterschiedlichsten Varianten. Und dann werden noch Alter, Rasse und Gesundheitszustand noch mit einberechnet. Das kann

In den Gatsch, rein in die Lacke, rauf auf das fremde Gegenüber – es ist gut, dass man sie hat, wenn man sie braucht: die Versicherung

an die 40 Euro im Monat kosten. Da sollte man mit Adleraugen nachschauen, ob auch Impfungen, Kastration/Sterilisation oder Zahnsteinentfernung enthalten sind. Ob es wirklich einen Sinn hat, eine Krankenversicherung abzuschließen, sollte man mit dem Tierarzt besprechen.

Vorsorge

Mit der Vierbeiner-Vorsorge von Wüstenrot haben Besitzer die Möglichkeit, ihr Tier abzusichern, wenn der Fall der Fälle eintritt. Dann wird der geliebte Vierbeiner in die Obhut von Gut Aiderbichl gegeben. Wer wegen Krankheit sein Tier nicht mehr versorgen kann, kann es jederzeit besuchen. Im Todesfall des Menschen findet der Hund ein neues Zuhause und wird dort lebenslang versorgt. Diese Gewissheit, die durchaus eine Berechtigung hat, kann schon um die 100 Euro im Monat kosten. Ob man so eine Versicherung wirklich braucht, ist eine Entscheidung, die von den persönlichen Gegebenheiten abhängt. Für ältere Menschen, die gerne ein Tier hätten, aber Angst davor haben, dass es im Notfall allein übrigbleibt, ist das sicher eine gute

Möglichkeit. Allerdings nur, wenn man das notwendige Geld auf der Seite hat. Mehr Infos: www.wuestenrot.at/vierbeinervorsorge und www.gut-aiderbichl.at

Ebenfalls um Vorsorge geht es bei der G24 Tierbetreuungsversicherung – ein Produkt der Garanta Versicherung. Sie garantiert die Betreuung des Vierbeiners, wenn der Mensch ein paar Wochen lang krank ist. Die Versicherung kümmert sich um die Betreuung des Tieres zu Hause oder eine Unterbringung des Hundes in einer Pension oder bei einem Dogsitter. Dazu gibt es die „G24 Tierfreund App", auf der man alle Daten seines Hundes speichern kann. Auch wenn Bello einmal verloren geht, kann man damit eine Tiersuchmeldung gestalten, es ausdrucken und auf den Baum aufhängen oder in der G24-Community verteilen. Die Versicherung endet nach 365 Tagen automatisch. Mehr Infos: www.garanta24.at

Interessensvertretungen für Hunde

Für die Autofahrer gibt es die Clubs schon lange. Haustierbesitzer haben mit dem Club „Tierfreunde Österreich" auch eine eigene Interessensvertretung. Wer Mitglied ist, bekommt günstigere Prämien für Haftpflicht-, Kranken und Rechtsschutzversicherung, Beratung in allen Hundefragen, Rechtsauskunft und Shoppingvorteile. Möglich sind die günstigeren Versicherungsprämien zum Beispiel durch eine Gruppenversicherung der Mitglieder, wie es sie immer wieder in Betrieben für die Mitarbeiter gibt. Die „Tierfreunde Österreich" haben jetzt auch einen „Haustier-

Schutzbrief" entwickelt. Ein Zusatzpaket, das dafür sorgt, dass der Hund zu einem Dogsitter, in eine Pension oder zu einer vertrauten Person kommt, wenn der Hundehalter krank ist oder einen Unfall hat. Dafür gibt es auch einen Tierhalter-Notruf und einen Sticker, den man auf die E-Card gibt, damit die Rettungskräfte wissen, an wen sie sich wenden sollen. Der Club für Tierhalter setzt sich mit zahlreichen Initiativen auch für die Interessen der Hundehalter ein. Die Mitgliedschaft kostet 39,60 Euro im Jahr. Einzelne Versicherungspakete und der „Haustierschutz-Brief" sind zusätzlich buchbar. Mehr Infos: www.tierfreunde.org

Der Hund ist weg – was nun?

Die ganze Vorsorge nützt nix, wenn der Hund wegläuft und keinen Mikrochip im Ohr hat. Das ist kein Modetrend, sondern in Österreich eine verpflichtende Maßnahme. Dieser Mikrochip stellt sicher, dass ein Hund eindeutig mit seinem persönlichen Nummerncode weltweit identifiziert werden kann. So kann man entlaufene Hunde schneller finden oder zugelaufene Hunde schneller zurückbringen. In Österreich müssen Welpen spätestens mit einem Alter von drei Monaten, jedenfalls aber vor der Weitergabe, gechippt sein. Ältere Hunde, die in Österreich ein neues Zuhause gefunden haben, müssen ebenfalls mit einem Mikrochip gekennzeichnet werden, wenn sie nicht bereits einen Nummerncode im Ohr haben. Das Einsetzen wird in jedem Fall von einem Tierarzt durchgeführt. Allerdings ist ein Chip ohne Registrierung sinnlos. Der Zifferncode im Ohr, die Daten des Hundes und des Besitzers müssen in eine

Da Welpen gerne die Welt entdecken, ist die Versicherung ganz oben auf der Liste der Erledigungen, wenn ein Hund ins Haus kommt

Datenbank eingeben werden, um den Hund zu finden. Der Tierarzt kann die Eintragung machen, das ist allerdings kostenpflichtig. Das kann man auch selber machen.

Registrierungsstellen und Suchdatenbanken

Heimtierdatenbank Bundesministerium für Gesundheit: heimtierdatenbank.ehealth. gv.at

Private Datenbanken

Animal Data: www.animaldata.com
Petcard: www.petcard.at
IFTA: www.tierregistrierung.de

Gesundheit & Wellness

Wie reagiert man im Notfall, damit Bello nicht vor die Hunde geht? Was empfiehlt die Schulmedizin? Welche Alternativen gibt es? Wie schützt man ein Hundegebiss vor dem Zahn der Zeit? Und wie sieht ein begossener Pudel aus? Ist der Hund gesund, geht es auch uns gut. Was man dafür tun kann, damit das so bleibt, haben wir mit Veterinären, Homöopathen, Erste-Hilfe-Experten, Zahnspezialisten und einer Hundecoiffeurin besprochen.

Is was, Doc?

Check und Routinebesuch beim Tierarzt

Mit Kontrollen kann der Tierarzt eine Erkrankung so früh wie möglich erkennen

wichtig, ersetzen aber die jährliche Kontrolle beim Tierarzt nicht. Die wird im Regelfall beim Impftermin gleich miterledigt.

Was wird kontrolliert?
- Augen
- Ohren
- Zähne
- Haut
- Analdrüse
- Herz
- Kreislauf
- Bewegungsapparat

Irgendwo im Hundekörper befindet sich ein Radar, das sich ausschließlich auf feindliche Tierarztpraxen spezialisiert hat. Sobald man sich der Ordination nähert, schlägt es an, und zwar nicht mit dem metallischen Ton, den wir Menschen gewöhnt sind, es zeigt sich in einem erbarmungswürdigen Zittern. Manche Hunde haben gelernt, dieses Radar abzuschalten und freuen sich auf ihren Tierarzt. Erklären kann man beiden nicht, warum man da ist: Im besten Fall zur Vorsorge, im schlechtesten, weil es bereits Probleme gibt.

Schleichende Veränderungen und Verschlechterungen bemerkt der Tierarzt besser als der Hundehalter, der den Hund rund um die Uhr bei sich hat. Gesunde Ernährung und genaue Beobachtung sind sehr

„Ab dem fünften Lebensjahr sollte auch ein Blutbild gemacht werden, ein kleines und ein großes, weil da die ersten Veränderungen sichtbar werden, und man kann Krankheiten rechtzeitig erkennen", rät Tierärztin Johanna Oberthaler. Wenn der Hund früher Verhaltensauffälligkeiten zeigt, also Gewicht verliert, besonders viel trinkt oder Kot in unüblicher Konsistenz produziert, dann natürlich sofort ab zum Tierarzt.

Thema Impfen

In Österreich ist keine Impfung gesetzlich vorgeschrieben. Aber eine Grundimmunisierung ist wichtig, besonders bei Junghunden. „Sie haben noch nicht das Immunsystem, mit dem man Krankheiten besser bekämpfen kann. Das sind alles Erkran-

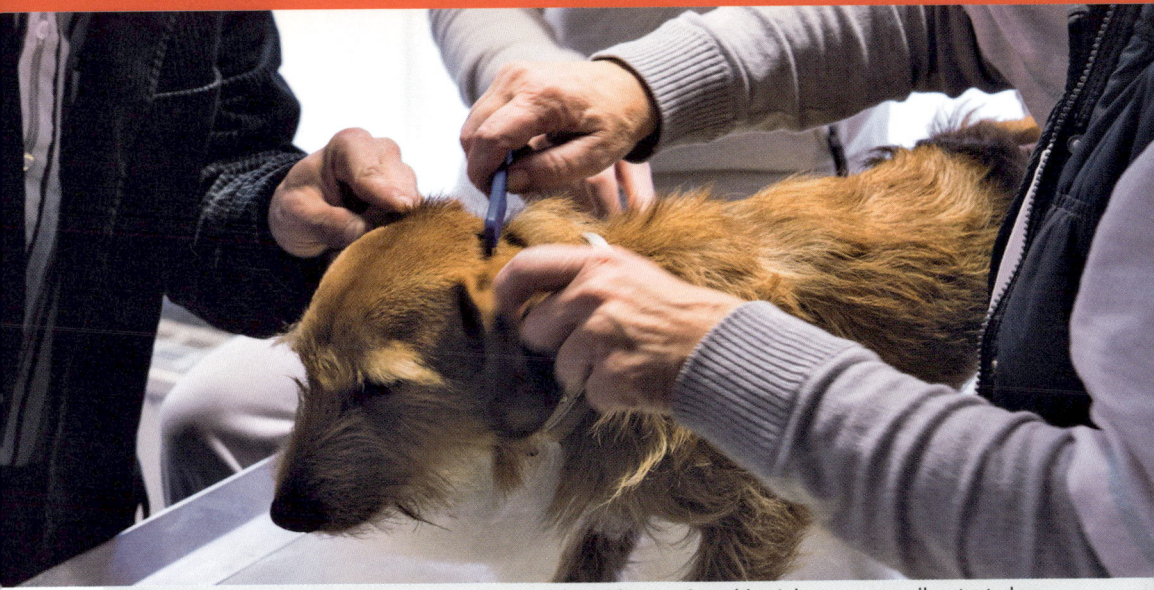

Wozu das gut sein soll, kann man Bello zwar nicht erklären, einmal im Jahr muss man ihm trotzdem zur Kontrolle zum Tierarzt schleifen

kungen, die sich der Hund beim Schnüffeln am Kot von anderen Hunden holen kann", sagt Tierärztin Oberthaler.

Gängige Impfungen:
- Staupe
- Hepatitis
- Parvovirose
- Leptospirose
- Tollwut

Bei einem Jungtier erfolgt die Grundimmunisierung in drei Stufen, danach wird der Hund einmal im Jahr zur Auffrischung geimpft. Tollwut ist für alle notwendig, die einen EU-Pass haben wollen, um ins Ausland reisen zu können. Obwohl Österreich frei von Tollwut ist, empfiehlt sich die Impfung auch für Hunde, die daheim bleiben. Weil viele Hunde aus dem Ausland auf Österreichs Hundewiesen unterwegs sind, rät Tierärztin Eva Wistrela-Lacek: „Tollwut sollte jeder impfen, es ist die einzige Krankheit, für die es keine Therapie gibt

und die immer zum Tod führt." Sollte der Hund einen anderen Hund beißen, wird es richtig kompliziert. Es kommt automatisch zur Anzeige, die eine aufwändige Tollwutuntersuchung bringt.

Thema Entwurmung

Das ist eine wichtige Angelegenheit, die leider viel zu oft vernachlässigt wird. Auch wenn man keine Würmer im Kot sieht, sollte man seinen Hund regelmäßig entwurmen. Welches Präparat da wirklich geeignet ist, sollte man mit dem Tierarzt besprechen, rät Tierärztin Oberthaler: „Sehr oft kaufen die Leute ein Entwurmungsmittel in den Tierhandlungen. Aber oft sind diese leider nicht für alle Arten von Würmern wirksam."

Thema Kastration bei Hündin und Rüde

„Es ist ratsam eine Hündin zu kastrieren", da führt für Johanna Oberthaler nichts dran vorbei. „Ein konstantes Nicht-Trächtig werden birgt Risiken. Die Natur hat bei weiblichen Tieren vorgesehen, dass der Zyklus in eine Trächtigkeit mündet. Passiert das nicht, können Entzündungen, Zysten oder Tumore entstehen." Wann der richtige Zeitpunkt für eine Kastration ist, ist wird auf der Hundewiese rege diskutiert: vor oder nach der ersten Läufigkeit? „Der Unterschied liegt darin, dass davor nur ein kleiner Schnitt entsteht, und die Wundheilung rascher verläuft. Auf jeden Fall ist davon abzuraten, die Hündin mehrmals läufig werden zu lassen", erklärt die Tierärztin. Bei einem Rüden sieht die Sache schon anders aus. „Da kann man sich zurücklehnen, solange es keine Probleme gibt, kann man ihn in Ruhe lassen und muss ihn nicht kastrieren."

Thema: Sind Mischlinge robuster als Rassehunde?

Die Antwort ist nicht überraschend: Es kommt ganz auf den Mischling an. Hat man das Glück, dass die Eltern gesund sind, hat man einen gesunden Hund. „Wenn ich zwei Rassen mit Problemen habe, kann der Mischling unter Umständen etwas von beiden Seiten abkriegen – muss aber nicht sein", sagt Eva Wistrela-Lacek. Rassehunde werden normalerweise schon sehr früh und sehr genau auf ihre spezifischen Krankheiten untersucht, um vorbeugend unterstützen zu können. Findet sich etwas, kann der Hund oft sehr gut damit leben.

Thema: Was ist giftig für den Hund?

Hat der Hund einen Giftköder erwischt, ist eines ganz klar: nur nicht herumdoktern, sofort zum Tierarzt. Aber auch im Haushalt tummeln sich einige Lebensmittel, die für den Hund schlecht verträglich oder sogar tödlich sein können:

- Avocados
- Zwiebeln und Knoblauch
- Koffeinhaltige Getränke wie Kaffee und Tee
- Weintrauben und Rosinen
- Nüsse
- Schokolade
- rohes Schweinefleisch
- Milch und Eis
- Pilze
- Alkohol

Tierärztin Johanna Oberthaler

Tierplus Wien-Stadlau
Zwerchäckerweg 4-26
1220 Wien
Tel.: 01-8901271
Mail: wien-stadlau@tierplus.at
Web: www.tierplus.at

Tierärztin Eva Wistrela-Lacek

Rainergasse 16
1040 Wien
Tel.: 01-5873854 o. 0676-5224069 (Notfall)
Mail: eva.wistrela@chello.at
Web: www.wistrela-lacek.com

Wenn der Hund schnell Hilfe braucht

Die wichtigsten Infos

Wer Hilfe braucht, hat gleich noch zwei andere Probleme dazu. Man hat keine Zeit und kann nicht sonderlich klar denken. Deswegen sollte man schon im Handy gespeichert haben, wer einem wo und wie zur Hand gehen kann. Telefonnummern, Ansprechpartner und Transportmöglichkeiten für den Notfall.

Veterinärmedizinische Universität Wien:

Ambulanz für Heim- & Kleintiere:
Notfall-Hotline (0 Uhr bis 24 Uhr):
01-250775555

Tiernotarzt:

Tierärztlicher Nacht- und Wochenenddienst (0 Uhr bis 24 Uhr)
Tel.: 0699-12223336
Web: www.tiernotarzt.at

Wer kein Auto hat:

Transport mit dem Tier jederzeit möglich, man muss bei der Bestellung dazu sagen, dass man einen Hund mitnehmen möchte.
Taxiruf: 01-40100

Mein Hund hat sieben Chakren
Von Bachblüten bis Impfungen

Was will uns dieser Blick sagen? Oft möchte man reden können mit dem Wuff

Ein Foto ist ihr sogar lieber. Sie möchte möglichst wenig über ihre tierischen Klienten wissen, möglichst neutral bleiben. Sie stellt die Fragen der Hundebesitzer. Sie ist die Vermittlerin. Was die Leute von ihren Hunden wissen wollen, sind keine großen Geheimnisse. Die Klassiker: Warum macht der Hund in die Wohnung? Warum hört er nicht auf meine Kommandos? Warum ist er immer auf der Jagd? Die Antworten holt Barbara Fegerl sich über ihre Fähigkeit des Hellsehens und Hellhörens. „Ich konzentriere mich auf die Frage. Nicht in Worten, sondern auf den Inhalt. Ich versuche, zu verstehen, was im Hund vorgeht. Ich sehe die Bilder, ich höre die Geräusche. Ich sehe zum Beispiel, wie der Hund dem Reh nachrennt. Ich fühle, was er dabei fühlt.“

Hunde am Wort

Oft geht es um Veränderungen. Neuer Partner, Umzug, eine Trennung. Der Hund bekommt das mit, weiß Barbara Fegerl: „Ich frage das Tier dann, was die beste Lösung wäre. Tiere reden nicht wörtlich, aber vom Gefühl her sagen sie es meistens sehr sanft und freundlich.“ Dieses Gespräch fasst sie dann für den Besitzer zusammen und erarbeitet mit ihm Lösungen. Die Tierkommunikation leiste wertvolle Dienste, wenn es

Manchmal quatscht sie ein Hund einfach so an. Auf der Hundewiese kann das schon einmal passieren. Normalerweise holt sich Tierenergetikerin Barbara Fegerl aber die Erlaubnis vom Besitzer. Denn normalerweise kommuniziert sie mit den Tieren in ihrer Praxis. Auch wenn sie gar nicht anwesend sind. Normalerweise? Barbara Fegerl ist Meisterin der Telepathie.

Damit Fegerl mit einem Tier Kontakt aufnehmen kann, muss es nicht vor ihr stehen.

um seelische Blockaden und Verhaltensprobleme geht. Wenn der Hund krank ist, schickt sie ihn zum Tierarzt. Erst wenn keine Diagnose gestellt werden kann, nimmt die Tierenergetikerin Kontakt auf und hinterfragt, warum sich der Hund nicht gut fühlt. Was der Auslöser für sein verändertes Verhalten ist. Da haben Hunde dann oft ganz schön viel zu erzählen. Und die Besitzer wollen das alles auch wissen. Immer mehr Hundeliebhaber interessieren sich für Tierkommunikation, trotzdem gehört die nicht zu den gängigsten und populärsten Methoden.

Bachblüten & Co. für den Vierbeiner, da will man sich gleich mitbehandeln lassen

Zu den Bachblüten und Schüssler Salzen, die in Margot Fischers Praxis stehen, greifen die Hundebesitzer deutlich öfter. Die Nachfrage ist groß, beobachtet die Tierenergetikerin, die auch Tierkommunikation und Kinesiologie im Programm hat. „Tiere haben bei diesen Methoden einen klaren Vorteil", meint Margot Fischer, „beim Menschen ist immer der Kopf dazwischen, der fragt, ob das auch was bringt, Hunde denken nicht so". Die Frau kommuniziert direkt mit ihnen. „Der Besitzer legt die Hand auf seinen Hund, und über den Arm kann kinesiologisch ausgetestet werden. Über die Aura spüren und sehen, so finde ich heraus, welches Problem das Tier hat. Mit Heilenergie kann das Tier wieder ins Gleichgewicht gebracht werden."

Heilkraft für Leib und Seele

Viele Tierbesitzer kommen auch in ihre Praxis, wenn sie bei Krankheiten ihres Hundes nicht mehr weiter wissen. Oder einfach zur Vorbeugung. „Viele hoffen, die Schmerzen ihres Hundes zu lindern." Gelenksprobleme, chronische Erkrankungen oder emotionale Angelegenheiten bekommt Margot Fischer mit den alternativen Methoden in Zusammenarbeit mit dem Tierarzt in den Griff: „Mein Angebot soll eine ganzheitliche Ergänzung zur tierärztlichen Behandlung sein." Die Bachblüten helfen bei seelischen Sorgen. Sie sind auch sehr beliebt, wenn der Hund Angst vor Silvesterkrachern oder Autofahrten hat. „Alternative Methoden können auch helfen, wenn die Schulmedizin mit schweren Geschützen auffahren muss. Statt Cortison können bei einem allergiegeplagten Hund auch Essenzen und Energieausgleichssitzungen helfen."

Die Tierenergetikerin ist davon überzeugt, dass die meisten Hunde überimpft sind und etwa beim Zeckenschutz zu viel Chemie eingesetzt wird. Es lässt sich gut mit Heilenergie und ätherischen Ölen so vorbeugen, dass die Energie im Körper gestärkt wird, denn „Zecken setzen sich vor allem an energetischen Schwachstellen

fest, und die Tollwutimpfung ist nur alle drei bis vier Jahre notwendig".

Das sieht Tierarzt Martin Werther, der Schulmedizin und alternative Heilmethoden in seiner Praxis verbindet, nicht so: „Impfungen sind nach wie vor wichtige Grundsteine in der Veterinärmedizin. Durch eine hohe Durchimpfungsrate ist der Eindruck entstanden, dass sie nicht notwendig wären. Die größere Gefahr ist aber, dass sehr viele ungeschützte und kranke Tiere aus dem Osten, Stichwort: Welpenmafia, zu uns kommen und gleichzeitig die Durchimpfungsrate in Österreich sinkt. Es liegt also in der vollen Verantwortung des Tierarztes, gemeinsam mit dem Besitzer für jeden Hund individuell ein Impfschema in sinnvollen Abständen zu erarbeiten."

Martin Werther beobachtet in seiner Praxis, dass die Nachfrage nach alternativen Methoden zwar generell steigt, bei schweren Erkrankungen aber wieder nachlässt. „Jede Methode hat ihre Stärken und Schwächen. Teilweise ergänzen sich beide Richtungen." Der Tierarzt setzt in der Schmerztherapie oder bei Allergien auf die traditionelle chinesische Medizin. Auch Entzündungen im Körper können mit Akupunktur abgefangen werden. Homöopathie und Osteopathie sind für den Schulmediziner eine sinnvolle Ergänzung zu seiner Arbeit. Barbara Fegerl, Margot Fischer und Martin Werther sind sich einig: Schulmedizin und alternative Heilmethoden müssen einander nicht im Weg stehen. Wichtig ist, dass es dem Hund hilft.

Margot Fischer

Sanfte Methoden zur Tiergesundheit
Tel.: 0650-9258339
Mail: pfote@margot-fischer.at
Web: www.margot-fischer.at und www.sunriseschule.at
Vorträge „Sanfte Wege zur Tiergesundheit" von Margot Fischer:
Bunter Hund
Neustiftgasse 42
1070 Wien
Web: www.bunter-hund.at

Barbara Fegerl

Seelenflüstern
Redtenbachergasse 54
1160 Wien
Tel.: 0664-73824731
Mail: info@seelenfluestern.net
Web: www.seelenfluestern.net und www.tierenergethik.at

Tierarzt Martin Werther

Tierambulatorium
Burggasse 91
1070 Wien
Tel.: 01-5234122
Mail: werther@tabg.at
Web: www.tabg.at

Margot Fischer und Roxy. Zwei, die sich verstehen

Der Hund als Patient

Krebsforschung für das Tier

Es ist ein Thema, über das man lieber nicht nachdenken möchte. Diagnose Krebs. Eine Nachricht, die den geliebten Vierbeiner zum Langzeitpatienten macht. Eine Krankheit, die aber auch in vielen Fällen behandelt werden kann. Dank jahrelanger wissenschaftlicher Forschung. Seit 2007 widmet sich der Verein „RotePfote" der Krebsforschung für das Tier. Das Ziel: Wissenschaftliche Projekte und die Entwicklung neuer Behandlungsmethoden zu unterstützen, um auch für tierische Patienten moderne und leistbare Therapien zur Verfügung zu stellen. Der Verein „RotePfote" entstammt einer Kooperation der Medizinischen Universität Wien und der Veterinärmedizinischen Universität Wien. Der Zweck dieser Zusammenarbeit: Die gemeinsame Erforschung und Entwicklung moderner Krebstherapien für Mensch und Tier.

Am Campus der Veterinärmedizinischen Universität Wien im Messerli Forschungsinstitut ist in Kooperation mit der Medizinischen Universität Wien und der Universität Wien ein Forschungslabor eingerichtet worden. Hier untersuchen die Wissenschaftler die Unterschiede und Gemein-

samkeiten bei Erkrankungen von Mensch und Tier. Mit dem Ziel, die Entwicklung von Arzneimitteln für menschliche und tierische Krebspatienten zu beschleunigen.

Rote Pfote – Krebsforschung für das Tier

Veterinärmedizinische Universität Wien
Messerli Forschungsinstitut
Veterinärplatz 1
1210 Wien
Mail: office@rotepfote.at
Web: www.rotepfote.at

Spendenkonto:
Rote Pfote
IBAN: AT42 3200 0000 1510 6107
BIC: RLNWATWW

Zähne zeigen

Vorsorge beim Tierarzt und zu Hause

Die meisten Menschen zeigen schon ihre eigenen Zähne ungern dem Zahnarzt. Entsprechend zögerlich kümmert man sich um das Hundegebiss. Studien belegen, dass 80 Prozent aller Hunde über drei Jahre Zahnprobleme haben. Die meisten Hundehalter reagieren erst, wenn Schwellungen und Blutungen nicht mehr zu übersehen sind und übler Maulgeruch einen zum Tierarzt treibt.

Vorsorge ist also auch bei den Hundezähnen wichtig. Trotzdem lassen sogar Tierärzte die Kontrolluntersuchungen unter den Ordinationstisch fallen, wie Matthias Schweda zugeben muss: „Wir Tierärzte sollten uns ebenso an der Nase fassen. Aufklärung und professionelle Unterstützung sind da die besten Maßnahmen. Im Zuge der Spezialisierung in der Kleintiermedizin gibt es auch Tierzahnärzte, die das erledigen, was Allgemeinveterinärmediziner in ihren Praxen nicht oder nur eingeschränkt durchführen können. Schließlich gehen wir mit unseren Zähnen auch nicht zum Hausarzt."

Schweda ist Tierarzt der Zahn- und Kieferheilchirurgie der Veterinärmedizinischen Universität Wien und dort auch bei der „Aktion Gesunde Hundezähne" vertreten, um Bewusstsein für die Zahnvorsorge schaffen. „Hunde klagen nicht, sie werden ruhiger, vor allem bei chronischen Schmerzen. Der Grund dafür liegt in der Natur des Hundes als Rudeltier. Schmerzen zu zeigen, könnte einen Verlust in der Rangordnung zur Folge haben, nicht mehr zu fressen, könnte den Tod bedeuten. Aus diesem Grund sollte man Hunde genau beobachten." Fressen sie nur noch weiches Futter, kauen bloß noch einseitig oder schlingen sie das Futter einfach hinunter, haben sie quasi keinen Biss mehr.

„Am effektivsten ist es, die Maulhöhle selbst zu kontrollieren, in dem man die Lefzen einfach hochhebt. Rötungen sind Entzündungen, und Entzündungen sind Schmerzen", erklärt der Tierarzt. Damit es gar nicht erst dazu kommt, kann man drei Dinge schon im Vorfeld tun. Einmal

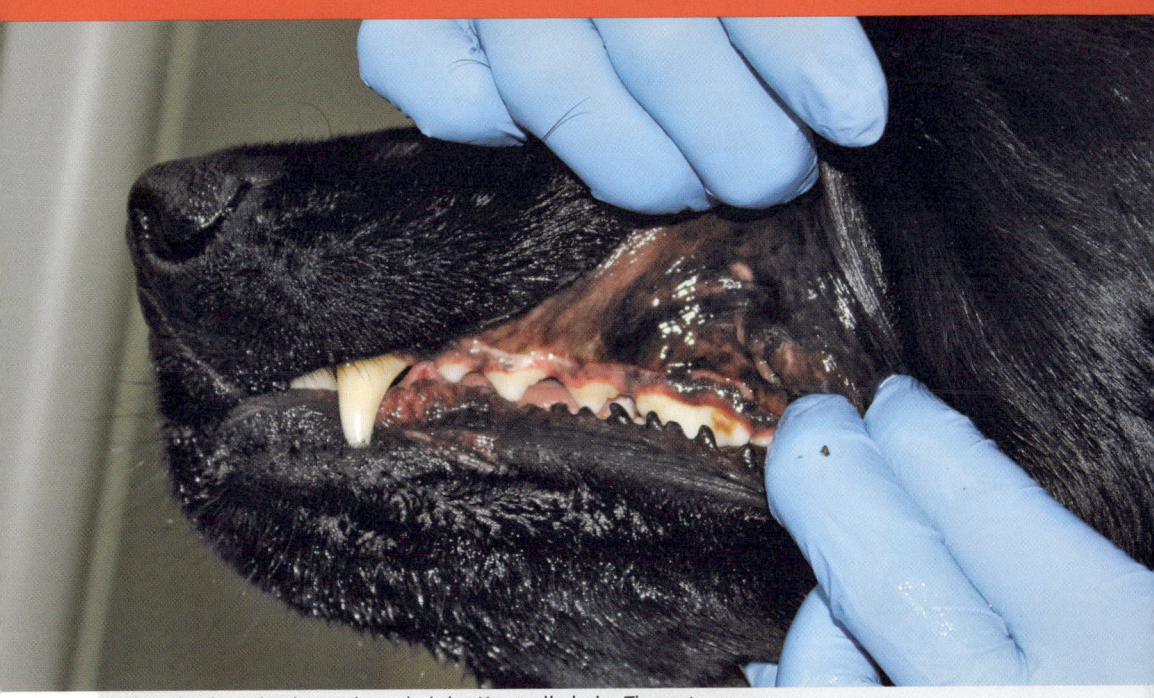

Lefzen hoch und Zähne zeigen, bei der Kontrolle beim Tierarzt

im Jahr zum Tierarzt zur Kontrolle gehen. Dem Hund jeden Tag ein Zahnputzstangerl, wie man es in fast allen Futterregalen findet, zum Kauen geben, der Tierarzt weiß, welches davon für welchen Hund geeignet ist. Und: Täglich die Zähne putzen. Spezielle Zahnbürsten und passende Zahnpasta kann man in den Tierhandlungen kaufen. Hundezähne putzt man allerdings anders als die eigenen. Die Anleitung dazu man kann auf www.gesundehundezaehne.at herunterladen. Dort findet man auch alle Tierärzte, die bei der Aktion für gesunde Zähne mitmachen. Wenn man sein Gebiss richtig putzt, bekommt Bello vielleicht sogar lange Zähne darauf. Man will sich ja nicht genieren müssen beim Fletschen.

Aktion Gesunde Hundezähne

www.gesundehundezaehne.at

**Tierarzt
Matthias C. Schweda**

Veterinärmedizinische Universität Wien
Klinische Abteilung für Kleintierchirurgie, Augen- und Zahnheilkunde
Veterinärplatz 1
1210 Wien
Tel.: 01-250775555
Web: www.vetmeduni.ac.at

Tipps, die hoffentlich nie gebraucht werden

So versorgt man seinen Hund im Notfall

Die Hundepuppe bewegt sich nicht. Man kann ihr auch dreißig Mal und mit zwei noch so linken Händen den Verband anlegen. An den Pfoten, an den Ohren, am Schwanz. Egal. Im Kurs der Johanniter tastet man sich vorsichtig an die Grundzüge der Ersten Hilfe heran. Spätestens beim Heimlich-Handgriff wird einem die Sache unheimlich, und man fragt sich, wie das

Den Verband einfach nur im Kreis um die Pfote binden ... wenn es nur so einfach wäre

denn jemals beim eigenen Hund gelingen soll, der kaum so stillhalten wird, wenn ihm etwas weh tut. Die Kursleiterin hat die Gelassenheit erfunden. Ruhig und mit viel Geduld zeigt sie an der Hundepuppe vor, was im Notfall zu tun ist. Das Notizbuch, das man in einem Anflug von Weitsicht mitgebracht hat, füllt sich. Man möchte sich alles möglichst genau merken. Nicht nur für Notfälle. In den vier Kursstunden geht es auch um Vorbeugung. Wie

man Zecken entfernt, zum Beispiel, das will gelernt sein. Einen Tierarzt ersetzt der Kurs trotzdem nicht, für 45 Euro erfährt und übt man die wichtigsten Dinge, um seinen Hund gut erstversorgen zu können. Kursleiterin Christina Graf verrät ein paar Tipps:

Wie geht man in Notfällen mit dem eigenen Hund um?

Wichtig ist zunächst, nicht den Kopf zu verlieren, um das Tier beruhigen zu können, und sich einen Eindruck zu verschaffen, wie schwer die Verletzung ist. Im Kurs lernt man, einfache Verbände selbst so anzulegen, dass der Hund versorgt ist, bis man zum Tierarzt kommt.

Was sind die häufigsten Notfälle bei Hunden?

Die gängigsten Verletzungen treten an den Pfoten auf, etwa wenn sich der Hund einen spitzen Gegenstand eintritt. Auch Bisswunden nach Kämpfen unter Hunden, vor allem im Bereich von Kopf und Hals sind häufig. Viele verschlucken Gegenstände, auch Magendrehungen kommen öfter vor.

Was macht man, wenn der Hund sich verschluckt?

Wenn sich ein Hund schwer verschluckt, kann das wie beim Menschen lebensbedrohlich sein, weil die Atemwege verlegt

Übung an der Hundepuppe

sind. Ähnlich wie bei Menschen kann man mit einer Abfolge von Rückenschlägen zwischen den Schulterblättern und dem sogenannten Heimlich-Handgriff helfen. Damit hat man gute Chancen, einen verschluckten Gegenstand aus der Luftröhre zu entfernen, also dafür zu sorgen, dass der Hund ihn ausspuckt. Funktioniert das nicht, sollte man den Hund möglichst schnell zum Tierarzt bringen.

Was kann ich tun, wenn mein Hund im Maul von einer Biene gestochen wird?

Wenn man weiß, dass der Hund auf Bienenstiche allergisch reagiert, sollte man sofort einen Tierarzt aufsuchen, der die entsprechenden Maßnahmen tref-

fen kann. In allen anderen Fällen kann man den Bienenstich von außen kühlen oder dem Hund Wasser zu trinken geben. Durch die kalte Flüssigkeit sollte die Schwellung zurückgehen. Tut sie es nicht, oder tritt überhaupt eine Verschlechterung des Allgemeinzustandes ein, sollte man den Tierarzt bemühen.

Wie reagiere ich, wenn mein Hund einen Giftköder schluckt?

Als Erstes hindert man den Hund am Weiterfressen, dann fährt man sofort zum Tierarzt. Gifte wirken teilweise mit Verzögerung, da können Umwege tödlich sein. Wenn vom Giftköder noch etwas übrig ist, sollte man ihn zum Arzt mitnehmen. Er kann dann leichter

feststellen, um welches Gift es sich handelt. Den Hund zum Erbrechen zu bringen, ist auf keinen Fall anzuraten.

Was sollte man mithaben, wenn man mit dem Hund Gassi geht?

Bei einer längeren Wanderung ist es sinnvoll, ein Erste-Hilfe-Päckchen einzustecken. Dazu gehört Verbandsmaterial, eine kleine Verbandsschere, eine Kochsalzlösung, eine Zeckenzange und eine Pinzette.

Tierarzt für den Notfall:

Veterinärmedizinische Universität Wien
Veterinärplatz 1
1210 Wien
Tel.: 01-250775555
Web: www.vetmeduni.ac.at

Literatur-Tipp:

Heinz Grundel und Pasquale Piturru, Notfallbuch für den Hund - Kleiner Leitfaden zur Ersten Hilfe. 4,95

Erste-Hilfe-Kurse:

Die Johanniter
Johanniter-Center Nord
Ignaz-Köck-Straße 22
1210 Wien
Tel.: 01-4707030
Mail: erstehilfe.wien@johanniter.at

Wiener Hundekompetenz-Zentrum
Petritschgasse 30
1210 Wien
Mail: office@hundeschule-mannsberger.at
Web: www.schulhund.at

Augen zu, Schwanz einziehen und durch

Das sauberste Geschäft in der Hundebranche

Redaktionshund Lola hat kurzes, pflegeleichtes Fell, kaum Unterwolle und ein beeindruckendes Selbstreinigungssystem ihrer Ohrwascheln entwickelt. Mit viel Leberstreichwurst lässt sie sich ab und an überreden, in der Badewanne gewaschen zu werden. Bei unserem Interviewtermin mit Margit Schönauer haben wir zum ersten Mal einen Hundesalon von innen gesehen und waren positiv überrascht.

Margit Schönauer ist die Grande Dame der Wiener Hundefrisöre. 2004 hat sie sich ihren langjährigen Traum, mit Tieren zu arbeiten, erfüllt und in Deutschland eine Ausbildung absolviert. Sechs Monate später startete sie mit ihrem eigenen Salon durch und war damit von Anfang an erfolgreich. Schuld daran sind Professionalität, Leidenschaft und ein Hund namens Moritz.

Der schöne, weiße Königspudel war von Anfang an Aushängeschild und Maskottchen. Durch ihn wurden Fernsehsender und Zeitungen auf den Salon aufmerksam, die ihn nur noch bekannter gemacht haben. Der freundliche, verschmuste Kerl versteht es, auch uns sofort bei der Begrüßung um die Pfote zu wickeln und Lola den Kopf zu verdrehen. „Er ist mein Ein und Alles", erzählt Schönauer und schaut

Kennerblick: Die Frisur sitzt haargenau, Moritz fühlt sich pudelwohl

ihn ganz verliebt an. Der Einzige ist er nicht, die Hundeliebhaberin hat auch noch einen Kleinpudel Max und eine Mischlingshündin Mafi.

Waschen, Föhnen, Schneiden

Die große Kunst des exakten Haarschnitts, die vom FCI, dem internationalen Dachverband für Rassehunde „Fédération Cynologique Internationale" als Rassestandards vorgegeben werden, kann Schönauer im Salon nur selten umsetzen, obwohl sie darin vielfach ausgezeichnete Preisträge-

Die zahlreichen Trophäen von internationalen Hundecoiffeur-Meisterschaften

rin ist. 98 Prozent der Hunde, die in Schönauers erfahrene Hände gegeben werden, bekommen das Grundservice verpasst: Waschen, Föhnen und Schneiden. Zusätzlich werden die Ohren kontrolliert und gereinigt, die Krallen geschnitten und der Intimbereich gesäubert. Bei Lola sieht Schönauers Adlerauge sofort, dass die Krallen zu lange sind, und das „führt möglicherweise zu Fehlstellungen". So schnell kann sich Lola gar nicht aufpudeln, bekommt sie schon die erste Pfotiküre ihres Lebens verpasst.

Bei der Arbeit im Hundesalon geht es weniger um Schönheit oder darum, dass Bello nicht wie ein Stinktier riecht. Regelmäßige Pflege ist wichtig für die Gesundheit und das Wohlbefinden der Tiere. Hier gibt es je nach Rasse und Felltyp natürlich große Unterschiede und Bedürfnisse. Die Haut muss atmen können, das Fell sollte nicht zu stark verschmutzt sein, durch eine Verfilzung können ernsthafte gesundheitliche Probleme entstehen. In den Ohren können

sich Bakterien ansammeln und zu Entzündungen führen. Margit Schönauer gibt ihrer Kundschaft auch nützliche Tipps für die Pflege zu Hause mit.

Frauerl und Herrl sind bei der Säuberungsprozedur nicht anwesend. „Die Hunde sind ruhiger und entspannter, wenn die Besitzer nicht dabei sind." Margit Schönauer versetzt sich da gern in die Lage des Hundes. Umso wichtiger ist es für sie, dass es möglichst schnell geht und so angenehm wie möglich für die Tiere ist. Umgekehrt versteht sie auch die Skepsis der Besitzer, die zum ersten Mal kommen und ihren Hund alleine lassen sollen. Sie selbst würde lange überlegen, wem sie ihre Hunde überlässt, deshalb ist ihr Vertrauensbildung und Aufklärung ihrer Menschen-Kunden gegenüber sehr wichtig. Wer trotzdem einen Blick auf seinen Liebling erhaschen möchte, kann das durch die großen Auslagenfenster des Salons machen.

Schnitt, Proportion und Symmetrie

Margit Schönauer nimmt regelmäßig an internationalen Hundefrisör-Meisterschaften teil und ist dabei auch sehr erfolgreich, was Österreichs 1. Goldmedaille in der Hundecoiffeur-Profiklasse, die sie nach Hause brachte, beweist. Die Wettbewerbe sieht sie als persönliche Herausforderung und Weiterbildung, sie genießt den Austausch mit der internationalen Kollegenschaft und bleibt immer auf dem jüngsten Stand über neue Geräte, Scheren, Kämme und Schnitttechniken. Selbst wenn die Reisen zu den Wettbewerben Wochenenden und Privatleben verschlingen, sind sie für

Margit Schönauer und ihr Pudel Moritz

Margit Schönauer eine willkommene Abwechslung zum Salonalltag. Und die vielen Medaillen und Pokale in ihrem Salon sind natürlich auch eine gute Werbung bei den Kunden. Schönauer bildet sich aber nicht nur selbst ständig weiter, sie schult auch den Hundefrisör-Nachwuchs in Kursen.

Erfahrene Hundekennerin

Wer so viele Jahre am Hund arbeitet, ist auch Meister darin, ihre Körpersprache zu lesen. Margit Schönauer erkennt schnell, wenn ein Hund sich gar nicht wohl fühlt. Ein Beißkorb ist aber nur ganz selten notwenig. In all den Jahren wurde sie noch nie von einem Hund gebissen.

Moritz ist das Verschönerungsprogramm bei seinem Frauli natürlich schon gewohnt und posiert hochprofessionell für unsere Fotografin. Gleich danach düst er mit Lola in den Garten hinter dem Salon und darf sich richtig schön schmutzig machen.

Hundesalon Margit Schönauer

Gersthofer Straße 119
1180 Wien
Tel.: 01-4086086
Mail: info@hundesalon-wien.at
Web: www.hundesalon-wien.at
Web: www.ausbildung-zum-hundefriseur.at

Wilde Lianen, Wurzelkauen und das Wissen der Indios

Stefanie Diem und Klaus Weber entwickeln High-Tech-Heil- und Pflegepräparate für Hunde

Klaus Weber, Lila und Stefanie Diem

Am Anfang stand der Urwald. Klaus Weber, Pharmazeut, erlebte vor einigen Jahren, was er als seine bislang „schönste Zeit" bezeichnet: Mehrere Jahre forschte er für seine Doktorarbeit bei Indiostämmen in Lateinamerika. Er reiste von Mexiko bis Panama, um von alten Schamanen zu lernen, was die Natur an Heilkräften zu bieten hat. We-

bers Arbeit war Teil eines größer angelegten Forschungsprojekts der Uni Bern, das bis 2008 lief. Ethnopharmazie nennt man das, wobei altes Wissen über Heilpflanzen gesammelt und nach neuesten Erkenntnissen der Forschung untersucht wird, um daraus neue Medikamente zu entwickeln. Nicht alles, was die Schamanen Klaus Weber zeigten, entpuppte sich nach medizinisch-naturwissenschaftlichen Maßstäben als wirksam. Anderes jedoch war für die Forscher echtes Neuland und Erkenntnisgewinn. Um das zu erreichen, zerkaute Weber, durch dieser Art Selbstversuche mehrmals in Glückszuständen, Wurzeln unbekannter Pflanzen, kochte Pflanzen zu Brei und Sud oder sammelte – wohl tarzanesque durch den Urwald streifend – wilde Lianen ein. Die Pflanzen bestimmte er anhand eines Herbariums und untersuchte mit seinen Kollegen in Bern alles schließlich auf seine exakten Bestandteile und Inhaltsstoffe.

Der Urwald liegt hinter ihm. Zurück in Deutschland, nach der Promotion, arbeitete er für ein High-Tech-Unternehmen in der Produktentwicklung als er Stefanie Diem kennenlernte. Die nennt sich nicht gerne Unternehmensberaterin, aber so was in der Art macht sie halt doch, aber seriös und mit reichlich eigener Erfahrung als Unternehmerin. Sie beriet das Unternehmen, in dem Weber im Labor stand. Klaus Weber entwickelte gerade eine neue Hyaluron-Creme für Apotheken als Stefanie Diem von den Problemen ihrer Hündin Lila erzählte. Die hatte durch Allergien massive Probleme mit der Haut an den Ohren, die nur noch durch Cortison-Salben behoben werden konnten. Beide unterhielten sich, der Naturstoff-Forscher und die Unternehmerin. Und am Ende dieses Abends war die Idee geboren, doch mehr aus allem zu machen und Lila mit Alternativen aus der Natur die Schmerzen zu nehmen.

Was fürs Herz sollte es werden, Tieren helfen wollten sie, Produkte entwickeln, die Sinn machen und heilen. Das rührt an und das wollen viele, aber bei Diem war das ernst gemeint und wer die energiegeladene junge Frau sieht, bekommt schnell einen Eindruck davon, dass solche Ideen für sie keine bloßen Schwärmereien sind. Sie hat als Managerin für bekannte Markenunternehmen gearbeitet und hat erreicht, was man als Karriere bezeichnen kann. Schon einige Zeit vor dem Abend im Labor, hatte sie sich Gedanken gemacht, wohin es mit ihr gehen sollte. Ihren „Wendepunkt" nennt sie das. Sie hatte gute Jobs, arbeitete 17 Stunden am Tag. Jetzt will sie was machen, das Spaß macht und wo es nicht nur um Zahlen und maximalen Pro-

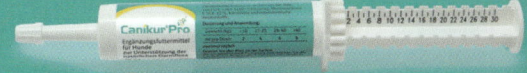

fit geht. Ihre Hündin war dafür die Inspiration.

Herausgekommen nach vielen Monaten des Experimentierens ist eine Produktlinie, die seit kurzem unter dem Namen „Lila loves it" (www.lila-loves-it.com) angeboten wird.

First Aid Serum

Man könnte es Hundekosmetik nennen, aber es ist mehr als das. Die Inhaltsstoffe sind natürlich und hochwertig, produziert wird nach höchstem Reinraum-Standard, in den gleichen Räumlichkeiten und mit den gleichen Geräten, mit denen auch Apothekenkosmetik für den Menschen hergestellt wird. „Nature meets High-Tech", wie es Stefanie Diem ausdrückt. Die Richtlinien für Naturkosmetik übertrugen die beiden Gründer auf die Hundewelt.

Das First Aid Serum beispielsweise, abgefüllt in einem medizinisch anmutenden Fläschchen mit Druckspender, enthält neben bulgarischem Rosenöl auch ätherisches Lavendelöl, Ringelblume, Nachtkerzenöl und Hyaluron, was es bei Hundeprodukten noch nicht gibt und bei der Wundheilung eine große Rolle spielt. Hier kombinierte Weber antientzündliche Komponenten mit Stoffen, die die Heilung der Haut vorantreiben und – bei Hunden besonders wichtig – eine schnelle Juckreizlinderung bringen. Daneben gibt es Shampoos, Pfötchenpflege oder ein beruhigendes Körbchenspray mit ätherischem Biolavendelöl.

Der Auftakt ist den beiden Jungunternehmern geglückt. Immer mehr Einzelhändler – von Sylt bis Salzburg – vertreiben die Produkte, womit auch der Sprung ins europäische Ausland geglückt ist. Vielleicht ist es die Geburt einer sehr erfolgreichen Geschichte, vielleicht haben wir alle bald unser Fläschchen First Aid Serum im Hundenotfallkoffer – und vielleicht werden sich Stefanie Diem und Klaus Weber irgendwann auch wieder nach der Stille des Urwalds sehnen.

Lila loves it

Dr. Weber & Diem GmbH
Kirchstr. 3
D-86926 Beuern am Ammersee
Tel.: 0049-(0)8193-9979355
Fax: 0049-(0)8193-9979351
Mail: lila@lila-loves-it.com
Web: www.lila-loves-it.com

Shopping & Lifestyle
Leben & Arbeiten

Einkaufen für Hunde macht den Besitzern mindestens so viel Spaß, wie es die Wirtschaft freut. Für alle, die gerne flirten haben wir uns Möglichkeiten angeschaut, wo sich Hundebesitzer näher beschnüffeln können – im Internet oder beim Speed-Dating. Und heldenhafte vierbeinige Assistenten unter die Lupe genommen, die im Leben ihrer Halter eine ganz besondere Rolle spielen. Gemeinsame Unternehmungen stärken die Mensch-Hund-Beziehung. Wir haben herausgefunden, welche Lokale in Wien besonders hundefreundlich sind. Man will sich nach dem Gassi-gehen ja schließlich gediegen entspannen und die Energietanks wieder auffüllen. Aber auch der Hund in der Kunst hat unser Interesse geweckt. Wir haben uns nach Hundeliedern umgehört, nach den Vierbeinern in der Fotografie Ausschau gehalten und in Galerien und Museen herumgeschnüffelt, welche bildende Kunst man sich gemeinsam mit seinem Hund anschauen kann.

Wo sich die coolen Hunde treffen

Der Ausstatter der lässigen Wiener Stadthunde

Da ist der Hund drin, so schnell kann man gar nicht schauen. Auch Redaktionshund Lola bleibt zielsicher vor dem gelben Haus stehen, als wüsste sie, dass wir hier hinein gehören. Man weiß nicht genau, hat sie die vielen Hunde gerochen, die ein und ausgehen oder die selbstgebackenen Hundekekse, die sie sogar durch die geschlossene Eingangstüre an der Nase nehmen.

Der Hundeladen ist über die Stadtgrenzen hinaus bekannt. Wie ein bunter Hund eben. Mit persönlicher Beratung, selbstgebackenen Hundekeksen und hochwertiger Ausstattung für anspruchsvolle Stadthunde ist der Shop in der Neustiftgasse im siebten Bezirk inzwischen eine Institution in der Wiener Hundewelt. Seit 2007 existiert das Geschäft, 2012 hat Stefan Stumpf den Laden übernommen und es in kurzer Zeit geschafft, den Erfolg noch weiter auszubauen. Im April 2014 wurde in Perchtoldsdorf am südlichen Rand von Wien ein weiterer Bunter Hund eröffnet.

Funktionalität, Qualität und lange Haltbarkeit, das ist Stefan Stumpf bei seinen Produkten wichtig. Ebenso wie die Bedürfnisse der Hunde. Obwohl Betten, Transportboxen und Accessoires allesamt auch schön anzuschauen sind, wird auf Firlefanz und Glitzer verzichtet. Bevor ein neues Produkt in die Geschäftsregale kommt, wird es ausgiebig getestet. Versuchstiere sind die beiden Hunde des Chefs, Border-Collie-Mischling Morillon und Labrador Balou, und die Hunde der Mitarbeiter. Wenn die nicht zufrieden sind, schafft es das Produkt auch nicht in die Verkaufsregale.

Guten Appetit

Für die hungrigen Wiener Wauzis gibt es hier tiefgekühltes Frischfleisch für BARFer und ausschließlich nachhaltiges, biologisches und sehr hochwertiges Futter ohne Konservierungsstoffe und Geschmacksverstärker. Der Fleischanteil der Produkte liegt bei mindestens 55 Prozent. Hersteller-

Ladenhüter: Bordercollie-Mischling Morillon und Labrador Balou mit Stefan und Stefanie Stumpf

angaben vertraut Stefan Stumpf allerdings nicht blind. Er lässt alle Futtermittel nochmals von einer Ernährungswissenschaftlerin testen, bevor sie über die Theke und in die Mägen seiner hündischen Kundschaft wandern. Wer die Futterration für die nächsten Wochen nicht beim Einkaufsbummel auf den naheliegenden Shoppingmeilen mitschleppen will, kann sich die Sachen auch nach Hause liefern lassen. Ab einem Einkaufswert von 100 Euro ist die Zustellung in Wien gratis und kommt zum fix vereinbarten Termin.

Auch Belohnungssnacks und Kauartikel sind natürlichen Ursprungs. Frisch aus der Backstube kommen die in Handarbeit erzeugten Hundekekse. Sie sind ein Herzstück im Bunten Hund und haben viel zu seiner Bekanntheit beigetragen. Die g'schmackigste Werbung, die man sich als Hund vorstellen kann.

Gute Nacht

Die Hundebetten in den unterschiedlichsten Farben und Größen sind die nächste Station nach so vielen gesunden Le-

Leinen los: Hundeleinen aus nautischen Seilen

ckereien. Egal, ob beim Verdauungs-
schläfchen oder in der Nacht, Stumpf
kommt es darauf an, dass die Hunde
nicht nur richtig liegen, sondern auch bequem. Am besten schläft Bello nämlich
auf einer Unterlage, die sich seinem Körper perfekt anpasst. Für seine Mitbewohner, die sich auch für so etwas Unnötiges
wie Design interessieren, gibt es die Hun-
demöbel in vielen Farben und Materiali-
en, die leicht zu reinigen sind. Damit Bello auch unterwegs gemütlich dösen kann,
gibt es Soft Kennel Hundeboxen in den
verschiedensten Größen. Die exklusiv
vertriebenen Modelle sind sehr robust
und ganz einfach auf- und zuzuklappen,
gut zu transportieren und auch für das
Auto eine sichere Lösung.

Gut zu Fuß

Etwas ungewohnt für Hund und Betrachter
sind spezielle Hundeschuhe, die die Hunde-
pfoten im Winter vor Salz und Kieselstei-
nen oder bei sportlichen Aktivitäten schützen. Selbst Hundedamen haben es nicht so
recht mit Schuhen, deshalb muss ein bisschen geübt werden. Besonders wichtig ist
der richtige Sitz, drückt es irgendwo, ist so
ein Schuh bloß wieder das, wofür Hunde
ihn an sich halten: Spielzeug. Der Hunde-
ausstatter bietet ein großes Sortiment und
hilft auch mit nützlichen Tipps, wie man
eine Hundepfote spielerisch an die neue
Pfotenbekleidung gewöhnt.

Würde Hundekleidung nur unter dem
Deckmäntelchen der Verkühlungsgefahr

Wie man sich bettet, so liegt man. Das gilt auch für Hunde

verkauft werden, würde man sie im Bunten Hund nicht führen. Die Mäntel im Sortiment des Hundeausstatters sind für Tiere mit wenig Unterwolle gedacht und damit tatsächlich zum Schutz vor Kälte und Nässe da. Sofern er nirgends zwickt und nicht übermäßig raschelt, sind Dünnfellige ganz froh über die Erfindung der Mode.

Gut geführt

Die modischsten Accessoires sind für Stefan Stumpf Halsbänder, Geschirre und Leinen. Entsprechend verblüffend ist seine Auswahl – von einfachen Nylonmodellen über Halsbänder aus Filz, geflochtene Leinen und nautische Seile bis zu exquisiten Elchlederausführungen. Es gibt City-Leinen mit 1,10 Metern Länge, Standardleinen sind 1,80 bis 2 Meter lang und Schleppleinen zwischen drei und zehn Meter. Nur Flexi-Leinen fehlen im Repertoire, „sie fördern das Ziehen, und das möchten wir nicht unterstützen", erklärt Stumpf. Für Hunde, die ihre Besitzer hinter sich herschleppen und sich dabei fast erwürgen, empfiehlt das Team vom Bunten Hund gut gepolsterte verstellbare Brustgeschirre statt Halsbändern.

Für die Sommersaison gibt es Schwimm- und Kühlwesten für hitzeempfindliche Hunde. Stefan Stumpf ist sportlich sehr aktiv, er geht mit einem seiner Hunde Mountainbiken und mit Zuggeschirr laufen und bietet daher auch einiges an Equipment für besonders Sportliche. Für Wanderer und Tourengeher unter den Hunden hat er Rucksäcke auf Lager, in denen der Hund sein Futter und seine Wasserration selbst transportieren kann.

Das Produkt, das Stumpfs vierbeinige Kunden am uninteressantesten finden, ist der Beißkorb. In der Stadt kommt man aber nicht um ihn herum, deshalb sollte er so bequem wie möglich sein. Die Maulkörbe im Laden sind allesamt sehr weich und leicht und aus wiederverwertetem Gummimaterial und Biothane hergestellt. Für den perfekten Sitz misst man Schnauzenumfang und -länge und fertigt das lästige Ding individuell und nach Farbwunsch. Heißt ja nicht zufällig Bunter Hund.

Bunter Hund Wien

Neustiftgasse 42
1070 Wien
Tel.: 01-5240656
Mail: office@bunterhund.at
Web: www.bunterhund.at

Bunter Hund Perchtoldsdorf

Hochstraße 13
2380 Perchtoldsdorf
Tel.: 01-8651439
Mail: office@bunterhund.at
Web: www.bunterhund.at

Bello, lass uns eine Runde schmeißen

Lokale, in denen Hunde gern gesehene Gäste sind

Das muss man dieser Stadt lassen. In Wien ist es fast überall möglich, seinen Hund ins Lokal mitzunehmen. Der Wiener Wirt ist offenbar ein Hundefreund. Was nicht heißt, dass jedes Lokal wirklich für stundenlange Besuche geeignet ist. Wirklich wohl fühlt sich das Tier nur, wenn es für seine Hundeohren nicht zu laut, seine Hundenase nicht zu rauchig und seinen Hundehintern nicht zu eng ist.

Eine Liste ausgewählter Lokale, die unseren Hör-Riech-Lieg-Test gut bestehen:

Das **Cafe Museum** in der Operngasse 7, 1010 Wien. Die Sightseeing-Tour kann man hier wunderbar abschließen. Wiener Klassiker stehen auf der Karte, vom Wiener Schnitzel bis zur Gulaschsuppe. Hier findet man auch den Original Wiener Apfelstrudel. Hunde sind willkommene Gäste.

Die **Bunkerei** in der Oberen Augartenstraße 1a, 1020 Wien. Ein gemütlicher Gastgarten mitten in der Stadt. Man kann im Augarten wunderbar Gassi gehen und dann dort einkehren.

Restaurant **Altes Jägerhaus** in der Freudenau 255, 1020 Wien. Mitten in einem der schönsten und ältesten Erholungsgebiete Wiens liegt das ehemalige Stallungshaus des Kaisers. Wunderbarer Gastgarten und mehrere richtig lange Spaziermöglichkeiten durch den Prater, die sogar mit Badeausflug kombinierbar sind.

Die **Summerstage** auf der Roßauer Lände 17, 1090 Wien. Laue Sommerabende auf der Terrasse direkt am Wasser und mitten in der Stadt. Hier kann man zwischen sommerlich kreativer österreichischer Küche, mediterranen Gerichten oder asiatischen Wok-Spezialitäten wählen. Für die Vierbeiner steht eine eigene Futterbar mit Wasser und Leckerlies bereit.

Davor oder danach kann man am Wasser Gassi gehen. Gute Kombination für einen schönen Hunde-Mensch-Abend. Hier finden auch immer wieder Veranstaltungen mit Hund statt.

Die **Kurkonditorei Oberlaa** in der Kurbadstraße 12, 1100 Wien. Sonnenterrasse und Gastgarten kombiniert mit Mehlspeisen und Kaffee. Hier haben die Kellner Hundeleckerlis im Jackerl. Für Spaziergänge im nahen Erholungsgebiet Laaer Berg erntet man eine Hundeewigkeit Dankbarkeit. Nach diesen fünf Minuten kann's von vorne losgehen.

Die **Waldzeile** in der Speisinger Straße 2, 1130 Wien. Ein Wiener Gasthaus mit eigener Hundezucht und großem schönen Gastgarten. Hunde sind hier natürlich herzlich willkommen.

Die **Pure Living Bakery** in der Altgasse 12, 1130 Wien. Ein bezauberndes Café mit Bagels und Cheese Cake. Im Gastgarten kann es sich der Hund gemütlich machen.

Die **Konditorei Oberdöbling** in der Döblinger Hauptraße 65, 1190 Wien. Hausgemachte Mehlspeisen und Kaffee für die Menschen. Der Hund bekommt Kekse. Gleich danach kann man im Wertheimsteinpark einen Verdauungsspaziergang machen.

Das **Wake up** am Wehr 1, 1220 Wien. Hier kommt Strandstimmung auf. Man kann auf der Terrasse sitzen, ins Wasser schauen, den Wakeboardern zuschauen oder es selbst versuchen. Mit dem Vierbeiner kann man Spaziergänge machen oder mit ihm in die Donau hupfen. Ein herrlicher Sommertag all inclusive.

Wiener Heurige

„Zum Haydn" in der Haydngasse 7, 1060 Wien. Ein romantischer Stadtheuriger, wo man den klassischen G'spritzten und die typischen Gustostückerl genießen kann. In der Nähe steht auch das Haus, das der Komponist Joseph Haydn bewohnt hat. Hunde sind sehr willkommen.

Die **Wildsau** in der Slatingasse 22, 1130 Wien. Ein Heuriger mit einem sagenhaften Blick über Wien. Kann man wunderbar mit einem längeren Spaziergang entlang der Lain-

zer Mauer kombinieren. Wegen der unregelmäßigen Öffnungszeiten lieber vorher anrufen.

Schneider-Gössl in der Firmiangasse 9-11, 1130 Wien. Ein typischer Wiener Heuriger aus der Zeit Maria Theresias. Livemusik täglich von Dienstag bis Sonntag. Der Garten ist groß genug, da findet man mit Hund ein ruhiges Platzl.

„**Mayer am Pfarrplatz**" am Pfarrplatz 2, 1190 Wien. Wiener Heurigenkultur und traditionsreiches Weingut. Im denkmalgeschützten Vorstadthaus am Pfarrplatz hat Ludwig van Beethoven im Jahr 1817 gewohnt. Saisonale hausgemachte Spezialitäten.

Heuriger Hirt, Eiserne Handgasse 165, 1190 Wien. Selchfleisch und Blunznknödel, was man halt als Wiener gerne so isst, kombiniert man hier mit Natur pur und einem Panoramablick auf die Stadt. Der Heurige liegt in dem beliebten Ausflugsgebiet Kahlenberg, wo man mit dem Hund durch die Weingärten wandern kann.

Weitere hundefreundliche Lokale

www.lokalfuehrer.at

Animalisches Speed-Dating

Der Kuppel-Event für Zwei- und Vierbeiner

Flotte Flirts

Jeder Teilnehmer hat mehrere Dates zu je fünf Minuten. Ein seriöser Ablauf der Veranstaltung wird durch eine Anmeldung der Teilnehmer und die Einhaltung einiger Regeln gegeben. Zum Beispiel: Wer mitmachen will, erhält vor Beginn einen Sticker mit Nummer und seine persönliche Dating-Karte, auf der angemerkt wird, ob ein weiteres Treffen mit dem Gegenüber erwünscht ist.

Zum Speed-Dating für Hundebesitzer kann der Anstands-wauwau mitgebracht warden

Auch 2014 findet auf der Summerstage das „Fressnapf Speed-Dating" für Hundebesitzer und ihre hündischen Begleiter statt (voraussichtlicher Termin: September 2014). Frauchen und Herrchen, die zwar ihren vierbeinigen Partner schon gefunden haben, aber noch auf der Suche nach einem zweibeinigen sind, haben hier die Chance zum Flirten.

Liebe geht durch den Magen

Die vierbeinigen Anstandswauwaus werden mit Keksen, Leckerlis und Wasser versorgt. Aber auch die Frauchen und Herrchen werden kulinarisch verwöhnt: mit

Gegenseitiges Beschnuppern: Wer sich gut riechen kann, hat die Möglichkeit zum Wiedersehen

sprudelnden Welcome-Drinks und einem aphrodisierenden Flying Dinner. Die Teilnahme ist für Menschen und Hunde kostenlos.

Veranstalter Speed Dating

Fressnapf Handels GmbH
Tel.: 0662-8552000
Mail: office@at.fressnapf.eu
Web: www.fressnapf.at
Location:
Summerstage
Donaukanal, Höhe U4 Station Roßauer Lände
1090 Wien
Tel.: 01-31966440
Mail: office@summerstage.at
Web: www.summerstage.at

Willkommen in Hollywuff
Kinospaß für wedelnde Cineasten

Sitz, Platz, Film ab: Beim Doggy Day im Admiral-Kino sind auch Hunde willkommen

Doggy Day im Admiral Kino

Jeden ersten Donnerstag im Monat dürfen im Admiral Kino in der Burggasse 119 in Wien Neubau auch Hunde die Vorstellung besuchen. Für die vierbeinigen Kinobesucher gibt es kostenlos Snacks zum Knabbern, frisches Wasser und gemütliche Kuscheldecken zum Ausborgen. Die Kinokarte kostet 7 Euro pro Person. Und dass Hunde keinen Eintritt zahlen, finden wir WAU!

Admiral Kino

Burggasse 119
1070 Wien
Tel.: 01-5233759
Mail: office@admiralkino.at
Web: www.admiralkino.at/doggy-day

Kino mit vier Pfoten auf vier Rädern

Was man aus alten Hollywood-Filmen

Sieht nix, macht nix

kennt, gibt es auch am Stadtrand von Wien: Seit 1967 ist in Groß Enzersdorf das erste Autokino Center Europas in Betrieb. Während Herrl und Frauerl vom fahrbaren Untersatz aus einen von drei Filmen anschauen, kann Bello am gewohnten Autoplatzerl dösen. Kinder unter sechs Jahren und Hunde kommen gratis rein, spezielle Ermäßigungen gibt es immer am Kinomontag.

Autokino Center Wien

Autokinostraße 2
2301 Groß Enzersdorf
Tel.: 02249-2660
Mail: office@autokino.at
Web: www.autokino.at

Freiluftkino

An heißen Sommerabenden heißt es Fernseher ausschalten, raus aus der stickigen Wohnung und ab ins Freiluftkino. Und dorthin dürfen brave Wauzis zu manchen Veranstaltungen mitgebracht werden. Leine und Beißkorb sollten immer dabei sein.

Freie Platzwahl: Die Filmkritik äußert sich in Form von Wedeln oder Hecheln

Frameout – Digital Summer Screenings im Museumsquartier

MuseumsQuartier Wien
Museumsplatz 1
1070 Wien
Mail: info@frameout.at
Web: www.frameout.at

Open-Air-Kino in aspern Seestadt

An den Alten Schanzen
Areal bei der Fabrik Publik
1220 Wien
Tel.: 01-33660099
Web: publik.aspern-seestadt.at

Veranstaltungen und Messen

Events rund um den Hund

PetExpo

Die europaweit erste Haustiermesse ohne Tiere als Ausstellungsstücke
13. bis 15. Juni 2014
10. bis 12. April 2015
Wiener Stadthalle, Halle D
Roland Rainer-Platz 1
1150 Wien
Web: www.petexpo.at

4. Wiener Hundetag

Sport, Shopping und Shows für Hunde und ihre Menschen
22. Juni 2014
Trabrennbahn Baden
Wiener Straße 84
2500 Baden bei Wien
Web: www.haustiermesse.info

Rund um den Hund (Open-Air)

Dog Diving und Vorführungen;
freier Eintritt
30. August 2014

Museumspark, 2340 Mödling
Web: www.haustiermesse.info

Festival der Tiere

13. und 14. September 2014
Donauinsel
U6-Station: Neue Donau oder Handelskai
Web: www.natuerlich.wien.at

Unternehmen Hund

Initiative zur Förderung von Hunden am Arbeitsplatz
3. Oktober 2014
Web: www.unternehmen-hund.at

Haustiermesse Wien

Österreichs größte Messe rund um Hund, Katz & Co.
29. und 30. November 2014
Messegelände Wien, Halle A
Messeplatz 1
1020 Wien
Web: www.haustiermesse.info

Werbung

Dein Freund Pablo

Kunst, Geschichte und Kultur mit Hund

Wer seinem Hund einen Picasso zeigen will, hat zwei Möglichkeiten. Entweder er kauft ihm einen oder er zeigt ihm ein Foto. Die dritte, dass zufällig einer daheim hängt, vernachlässigen wir. Die vierte, mit dem Hund ins Museum zu gehen, kann man ganz ausschließen. In die großen Museen darf man Hunde aus Versicherungsgründen nicht mitnehmen. Aber es gibt eine Menge kleiner Galerien und Ausstellungen, wo brave Hunde willkommen sind. Einen Picasso gibt es dort vermutlich nicht, aber vielleicht ein paar Gemälde mit vielen Bäumen drauf. Eine Auswahl hundefreundlicher Kunststätten quer durch Wien, Interessen und Stile.

1. Bezirk – Innere Stadt

artmark galerie wien
Singerstraße 17 (Eingang Grünangergasse)
Web: www.artmark-galerie.at
Galerie Mezzanin
Getreidemarkt 14
Web: www.galeriemezzanin.com

2. Bezirk – Leopoldstadt

Künstlerplattform Q202
Karmelitermarkt
Web: www.q202.at
Atelier Ramaschka
Malzgasse 14
Web: www.ramaschka.com

Wiener Kriminalmuseum
Große Sperlgasse 24
Web: www.kriminalmuseum.at

3. Bezirk – Landstraße

Kleine Galerie
Kundmanngasse 30-32
Web: www.esel.at
Wiener Straßenbahnmuseum
Ludwig Koeßl Platz / Station Schlachthausgasse
Web: www.wiener-tramwaymuseum.org

4. Bezirk – Wieden

Galerie Schleifmühlgasse 12-14
Schleifmühlgasse 12-14
Web: www.12-14.org
Die ganze Gasse ist voll mit Künstlerateliers und Galerien, einfach mal bummeln.

5. Bezirk – Margareten

FotoQuartier
Margaretenstraße 127
Web: www.fotoquartier.at

7. Bezirk – Neubau

Jellybrain Gallery
Burggasse 46
Web: www.jellybrain.at
Westlicht – Schauplatz für Fotografie
Westbahnstraße 40
Web: www.westlicht.com

9. Bezirk - Alsergrund
Viertelneun Gallery und Ateliers
Hahngasse 14
Web: www.viertelneun.com

Fotogalerie Wien
Währinger Straße 59
Web: www.fotogalerie-wien.at

10. Bezirk - Favoriten
Loftcity Brotfabrik
Absbergergasse 27
Web: www.loftcity.at

Hier gibt es verschiedene Galerien und Ausstellungen:
Anzenberger Gallery
Web: www.anzenbergergallery.com
Hilger Next
Web: www.hilger.at
Loft8
Web: www.loft8.at
OstLicht. Galerie für Fotografie
Web: www.ostlicht.at

16. Bezirk - Ottakring
Soho in Ottakring
Yppenplatz 4
Web: www.sohoinottakring.at

Hund 2.0

Facebook auf vier Pfoten

Mauskontakt statt Schnüffeln: Wenn Vierbeiner wüssten, wie viele Hunde sich in dem viereckigen Kastl tummeln

„Welche Mischung ist das?" Für diese Frage braucht man als Mann an der Bar meistens viel Mut. Ganz anders auf der Hundewiese. Da gehört das fast zum guten Ton, dass man sich nach dem Gegenüber erkundigt. Der Flirtfaktor unserer vierbeinigen Freunde ist nicht nur Hundebesitzern bekannt. Trotzdem boomt das Geschäft mit der Partnersuche im Internet.

Unter dem Motto „Date meinen Hund oder mich" finden sich immer mehr Seiten. Und Rocky1 sucht hier oft nicht nur seinen Lebens-, sondern auch seinen Gassi-Partner. In den Internet-Foren für Hundebesitzer wirkt es so richtig selbstverständlich, dass man einmal in die Runde fragt, wer um drei am Nachmittag auf der Roßauer Lände geht. Obwohl man oft nicht weiß, ob der Username jetzt zum Hund oder zum Besitzer gehört.

Immer mehr User finden Gefallen daran, das Leben ihres Hundes zu dokumentieren. Er geht Gassi. Er hat einen großen Knochen bekommen. Er hat seine Pfote verletzt. Er hat bald Geburtstag. Die Anteilnahme ist dem Hund und damit dem Besitzer so gut wie sicher. Und nicht nur beim Spaßfaktor. Die Hundebesitzer sind auch gut im Internet organisiert, wenn es ernst wird. Kaum ein Medium wird ausgelassen, um sich gegenseitig zu informieren, wenn irgendwo in der Stadt Giftköder ausgelegt sind. Aber auch in Sachen Erziehung, Ernährung und Versicherungsfragen ist man selten allein mit seiner Meinung. Generell gilt: In der Social-Media-Tierwelt findet man in allen Belangen einen Partner. Und viele landen dann doch wieder gemeinsam auf der Hundewiese. Vielleicht trifft man dort auch irgendwann Rocky1.

Social-Media-Experte Jens Gorke hat sich angeschaut, wie die virtuelle Welt der Hundebesitzer aussieht. Der Managing Creative Director bei der Digital Agentur mmc-agentur.at betreut mit seinem Team seit mehreren Jahren Hundefuttermarken auf Facebook und hat die Aktion „Mehr Platz für Hunde" mitentwickelt. „Social Media ist Mainstream, es gibt keine Gruppe, die Facebook & Co. nicht verwenden. Mit der zunehmenden Verbreitung von Smartphones boomt die Nutzung noch mehr und steigt rasant an. In den Pausen werden die Social Networks am Handy genutzt. Auch verstärkt beim Gassi gehen. Das haben viele findige Unternehmer schon früh erkannt, und mittlerweile gibt es schon ein ganzes System an nützlichen, lustigen und teilweise echt hilfreichen Apps, Websites und Social Media Services."

Gibt es eine starke Nachfrage bei den Hundebesitzern oder ist das alles eher ein Marketing-Gag?

Das Internet ist voll von Tierfotos. Viele sagen, das Internet wäre ohne Katzen- und Hundefotos nie groß geworden. Der Wunsch, den geliebten Vierbeiner in all seiner Liebenswürdigkeit auch allen zu zeigen, ist einfach zu groß. So viele Angebote es auch geben mag, meistens kranken die spezialisierten Plattformen, die oft wirklich hilfreich sind, an zu geringer Verbreitung und Nutzung. Die größten sind hier ganz klar: meintier.com, mysocialpetwork.com, platzfuerhunde.at, dogspot.at, giftkoeder-radar.com und diverse Facebook-Gruppen. Interessant sind auch giftwarnung.info, pfotencheck.com, vetfinder.mobi, tractive.com, hundestraende.com, erste-hilfe-hunde.de. Twitter ist in Österreich außerhalb von Medienvertretern und Prominenten noch kein Thema. Für den einen oder anderen lustigen Hundespruch aber immer wieder eine gute Adresse.

Sind es eher Frauen oder Männer, die sich auf Tierseiten tummeln?

Ganz klar vorwiegend Frauen. Eine Anfrage auf hunde-date.at für Wien ergibt: 350 Männer und 1.300 Frauen begeistern sich dafür.

Ist das ein kurzfristiger Trend, dass Haustiere ihren eigenen Facebook-Account haben?

Nein. Haustiere wurden schon immer vermenschlicht. Sei es, dass in ihr Verhalten, die Gestik, die Mimik oder ihre Laute Menschlichkeit interpretiert wird. Oder, dass man einfach nur lustige Fotos in menschenähnlichen Posen macht, kombiniert mit Spielzeug, Accessoires, Kleidung etc.

Gibt es Zahlen, wie viele Haustierbesitzer ihrem eigenen Tier einen Facebook-Account geben?

Angeblich sollen zehn Prozent aller Facebook-Profile keine Menschen sein, sondern Hunde und Katzen. Nimmt man die Profile der speziellen Haustier-Social-Networks noch dazu, ist das sicher kein Ausnahmephänomen mehr. Anders gesagt: Es gibt keinen Grund, sich zu schämen, wenn man Moritz eine Facebook-Seite widmet. Ein berühmter Vordenker hat einmal gesagt: Das Internet besteht nur aus Katzen und Porno. Angeblich sind 15 Prozent des gesamten Internets Katzencontent.

Jens Gorke
Managing Creative Director und
Social Media Experte
Digital Agentur MMCAGENTUR.at.
Kaiserin Elisabeth-Straße 1
2340 Mödling
Tel.: 02236-892052-0
Mail: office@mmc-agentur.at
Web: www.mmc-agentur.at

Praktische und lustige Internetseiten:

www.hunde-date.at
www.mysocialpetwork.com
www.dogspot.at
www.giftkoeder-radar.com
www.hunde-urlaub.net
www.hunde-zone.at
www.pfotencheck.com

Ein Bild von einem Hund

Die besten Tipps fürs Familienfoto samt Hund und das Hundefoto samt Familie

Am Boden kugeln gehört zum Job, Fotografin Bettina Greslehner mit viel Geduld und einer Hundemeute

Jeder von uns hat den schönsten und besten Hund der Welt. Und obwohl er doch prinzipiell auch der fotogenste ist, zeigt das Foto ganz was anderes. Die Fotografin Bettina Greslehner gibt ein paar Tipps fürs gelungene Hundebild. Daheim und beim Fotografen, egal ob fürs Geldbörsel oder für Facebook.

Worauf muss man achten?
Man kann nicht einfach sagen, bitte hier-

her schauen, Kinn runter, Schulter zurück. Man braucht Geduld. Ein wichtiger Punkt ist: Man soll sich bitte niemals den Druck vom schnellen, perfekten Bild auferlegen. Es ist wirklich interessant, wie sehr sich diese Erwartung vom Besitzer auf die Tiere überträgt, und die dann so gar nicht das machen, was der Mensch von ihnen will. Entspannt und geduldig sein, dann ist der Hund es auch. Man muss einfach warten, wann es passt.

Was macht ein gutes Foto aus?
Ich fotografiere Hunde gerne ohne Requisiten. Ganz natürlich, ohne Schnick-Schnack. Glatte, einfarbige Hintergründe sind dafür das ideale Umfeld. So kann man die Persönlichkeit, den Charakter des Hundes besser zeigen.

Wie schafft man es, dass der Hund für die Kamera posiert? Sogar in Richtung Kamera schaut?
Oft reagieren die Tiere auf Geräusche oder Sätze. Man muss austesten, auf welche davon der Hund reagiert. Und wenn man das weiß, dann im richtigen Moment abdrücken.

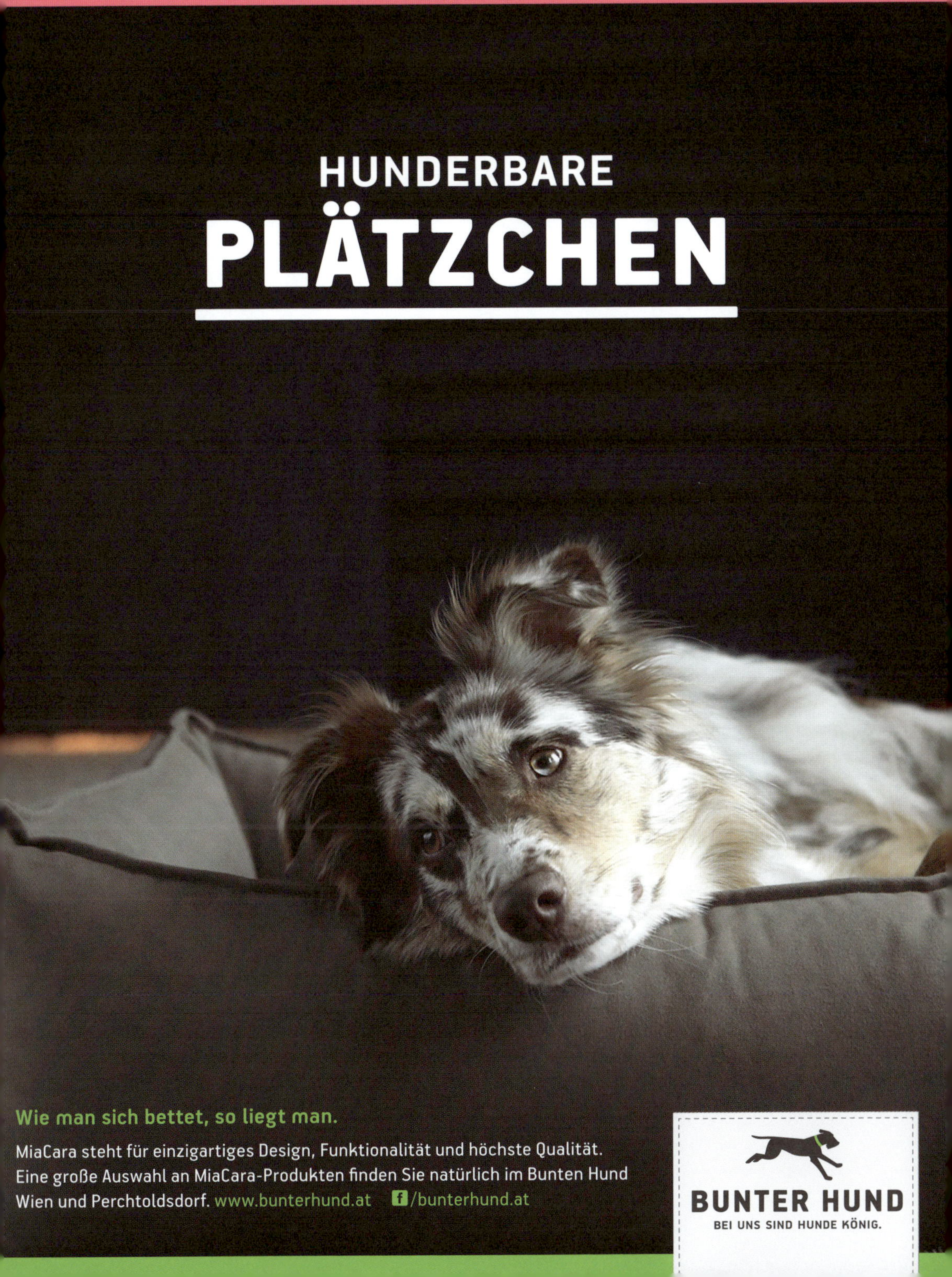

HUNDERBARE
PLÄTZCHEN

Wie man sich bettet, so liegt man.

MiaCara steht für einzigartiges Design, Funktionalität und höchste Qualität.
Eine große Auswahl an MiaCara-Produkten finden Sie natürlich im Bunten Hund
Wien und Perchtoldsdorf. www.bunterhund.at **f** /bunterhund.at

Porträt von Fotografin Bettina Greslehner

Welches technische Equipment braucht man, um Tiere besonders gut fotografieren zu können?

Ich arbeite mit einer Spiegelreflexkamera und lichtstarken Objektiven verschiedenster Brennweiten. Im Studio habe ich eine Studioblitzanlage. Technisch hochwertiges Equipment ist von Vorteil, aber ganz sicherlich nicht die Garantie und ein Muss. Gute, interessante Bilder zu machen, geht mit jeder Kamera.

Gibt es einen Trick, wenn man dunkle Hunde fotografieren will? Wie bekommt man die Schattierungen besser aufs Foto?

Dunkles Fell vor dunklem Hintergrund. Das funktioniert nur mit gezielter Lichtsetzung. Da ist es natürlich von großem Vorteil, wenn der Hund auch ruhig sitzt oder am Boden Platz macht. Klappt das nicht, ist es besser, etwas anderes zu probieren, denn wie schon gesagt, mit Druck geht gar nichts.

Wie lange dauert ein Hundefoto-Shooting?

Der Fototermin dauert ungefähr eine Stunde. Die Hunde werden schnell müde und unkonzentriert. Es soll ja allen Spaß machen.

Bettina Greslehner

Friedlgasse 63
1190 Wien
Tel.: 0676-4422444
Mail: office@bettinagreslehner.at
Web: www.bettinagreslehner.at

Let the adventure begin ...

Für die neue Hunde-Outdoormarke Alcott aus Amerika ist Gassi gehen ein Abenteuer

Gassi gehen ist gesund. Gassi gehen hält fit. Und Gassi gehen ist für das Wohlergehen von Hunden einfach mal notwendig. Aber geben die täglichen Runden auch die volle Packung Adrenalin? Unbedingt – zumindest wenn es nach der amerikanischen Hunde-Outdoormarke Alcott geht. Die ist angetreten, um mehr Action ins Leben von Hund und Besitzer zu bringen. Tatsächlich ist die gesamte Produktlinie auf diesen Gedanken abgestimmt. Ist Waldi erst mal mit dem Hundezubehör der Produktlinien „Explorer", „Traveler" oder „Mariner" ausgestattet, fällt fortan auch eine Expedition auf den Mount Everest unter die Kategorie „Gassi gehen". So gibt es im Sortiment neben der harmlos anmutenden „Adventure-Leine" auch Hunde-Rucksäcke, Schlafsäcke, Schwimmwesten und Hunde-Wanderstiefel, die bei steinigem Terrain tatsächlich Sinn machen. Aber es muß nicht gleich Extremsport sein. Auch für den abendlichen Walk im Park findet sich Praktisches, damit sich jeder Spaziergang wie eine kleine Abenteuer-Expedition anfühlt. Die Verarbeitung ist gut, die Preise okay, das Design gefällig – man könnte Alcott in etwa in die Kategorie mit den bekannten Outdoormarken für Zweibeiner packen. Ob unbedingt eine Sonnenbrille notwen-

dig ist, auch das ist im Angebot zu finden, darüber kann man sich streiten. Aber für Outdoor-Fans mit Hund ist die neue Marke eine Bereicherung.

Alcott bietet Produkte für Outdoor-Aktivitäten

Ab Frühjahr 2014 gibt es Alcott auch in Österreich in ausgewählten Shops und im Web unter www.alcottadventures.de.

Alcott Europe GmbH

Großer Burstah 25
20457 Hamburg
Tel.: 0049-40-3258190
Mail: info@alcottadventures.de
Web: www.alcottadventures.de

Fellige Aktmodelle
Die Kunst, einen Hund zu malen

Das Bild „Holly" aus dem Buch „100 Dogs"

Titanilla Eisenhart malt Hunde. Mit realistischen Tierbildern hält sie sich dabei nicht auf, es sind eher Abbilder ihrer Idee von einem Hund. In ihrem Buch „100 Dogs" will die Künstlerin durch den Hund die Zustandswelt des Menschen mit all seinen Empfinden aufzeigen. Wie das geht, erklärt sie selbst.

Was macht für Sie als Künstlerin die Faszination am Hund aus?

Metapher der Gefühle. Zwei Bilder mit dem Sujet Hund sind 1988 in einer Ausstellung gezeigt worden. Sonst waren nur geometrische und abstrakte Arbeiten und Skulpturen zu sehen. Der Hund war ein Novum und als Symbol menschlichen Verhaltens zu verstehen. Aber auch die Form, die Haarfülle oder das Haarkleid sind ebenso anziehend auf mich und auch ebenso schön zu malen.

Sie haben einmal gesagt, dass ein Porträt von einem Hund in einem Selbstporträt endet. Woran liegt das?

Ich bin überzeugt, dass jedes Bild, jedes Werk letztlich durch Aussage und Machart eine Art Selbstporträt ist. Jeder Strich, jeder Ton, jeder Satz ist Teil meiner Persönlichkeit. Sozusagen ein künstlerischer Fingerabdruck und irgendwie Teil des Künstler-Ichs.

Sie haben auch einmal gesagt, man schätzt die Eigenschaften an einem Hund, die man selbst nicht mag. Malt man Hunde anders als Menschen?

Nein. Ich meine, die Darstellung gewinnt durch das Malen, also mein Einwirken, nach und nach Charakterzüge

Das Bild „Vor dem Altar" aus dem Buch „100 Dogs"

oder Eigenschaften, die ich beabsichtige oder die sich durch das spätere Betrachten ergeben. Das ist letztlich eine Frage des Interpretierens. Ein Beispiel: Bei Ausstellungen meines Bildes „Vor dem Altar" hatten die Kommentare der Betrachter eine enorme Bandbreite: „Wie wahr, man weiß ja nie, wen man heiratet" Oder: „Die arme Braut, sie ist so jung." Und auch: „Das ist ja Sodomie!" Man kann erkennen, dass jeder Mensch andere Charakterzüge hineinlegt, es hängt immer vom Menschen ab. Ein an-

deres Beispiel ist Holly, der eine sieht darin Lachen, der andere Angst.

Sind die Charakterzüge bei Hunden schwieriger in einem Bild darzustellen?
Nein, es ist eher anders herum. Die Betrachter lesen leichter im Hundegesicht. Der Ausdruck ist da. Die Betrachter projizieren ihre Geschichten hinein. Das geht über das Hundegesicht recht schnell, schließlich haben wir Menschen die vergangenen zehntausend Jahre – zu unserem Vorteil – gelernt, im Hundegesicht

zu lesen. Ich nenne das Zugangserleichterung.

Wie gelingt es, im Bild spüren zu lassen, dass ein Hund eine Persönlichkeit hat, und nicht nur als Haustier dargestellt wird?

Durch Übertragung, ein Begriff der Psychologie. Es gelingt, indem man dieses Wesen auf der Leinwand erschafft. Durch den Malvorgang – innere und technische Nähe – ergibt sich eine gewisse Zuneigung, die man auf das Tier überträgt.

„Hunde in der Kunst und anderswo"

Informationen über Hunde in der Kunst findet man im Blog: www.petrahartl.at

Titanilla Eisenhart

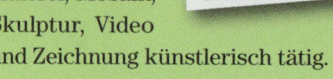

ist in Wien und Kärnten aufgewachsen. Sie ist in den Bereichen Collage, Installation, Literatur, Malerei, Mosaik, Skulptur, Video und Zeichnung künstlerisch tätig.

Mail: titanilla.eisenhart@gmail.com
Web: www.titanillaeisenhart.com

Titanilla Eisenhart, 100 Dogs. Ritter Verlag, 27,50 Euro

Reicht mir das Wasser, ich bin ein Star

Spot auf den Hund, und Action!

Sie kommen ohne goldene Fressschüssel aus. Sie brauchen nicht tausend weiße Kerzen. Und sie verbellen lieber Briefträger als Fotografen. Selbst Rex, der vierbeinige Kommissar, hat nicht gesagt: Packt's eure Wurstsemmeln wieder ein, ohne Emmentaler Käse mach' ich euch den Kasperl nicht. Hunde, die vor der Kamera stehen, haben keine Allüren und sind keine Diven. Im Gegenteil. Sie sind die diszipliniertesten am Set.

„Rex zum Beispiel wollte von der berühmten Wurstsemmel, für die er in der Serie Ganoven gejagt oder Spuren erschnüffelt hat, überhaupt nichts wissen", erzählt Eva Mang. Trotzdem hat er gespurt, wie sich das Hollywood von seinen zweibeinigen Stars nur aufmalen kann. Egal, wie prominent sie sind, Hunde tun, was man von ihnen verlangt. Und sind so erfolgreich in der Film- und Werbebranche wie nie. Die Drehbuchautorin Eva Mang weiß um den Beliebtheitswert in Film und Werbung: „War der Hund früher schmuckes Beiwerk für Familien- und Naturidyll, wird er zusehends zum Lebenspartner und zum vermenschlichten Hauptdarsteller, um die Sympathien vieler Menschen zu gewinnen. Man schließt damit die spontanen Antipathien gegen gewisse menschliche Wesenszüge, Aussehen, Attribute aus."

Die Werbebranche nützt das Talent zum Sympathieträger, Hunde werden immer wieder zu Markenbotschaftern, und nicht nur für Tierprodukte. Auch bei Automarken, in der Textilbranche und bei Versicherungen sind sie gern gesehen. „Das Einsatzgebiet für Hunde ist sehr groß in der Werbung, aber besonders beliebt sind typische Familiensituationen, da passen sie gut ins Bild", sagt Stephanos Berger Kreativdirektor und Geschäftsführer der Werbeagentur Cidcom. „Es geht im Großen und Ganzen um das Kindchenschema im Hundegesicht", meint Eva Mang. „Daher nimmt man am liebsten Retriever und Berner Sennenhunde. Sofern Mischlinge diesem optischen Anspruch gerecht werden, gibt es keinen Unterschied zwischen Rasse- und Nicht-Rasse-Hund."

Bis der Hund zum Werbestar wird, braucht es viel Geduld. Stephanos Berger erzählt von den Dreharbeiten: „Ein Spot mit einem Tier bedeutet ganz genaue Planung, damit es zu keinen langen Wartezeiten kommt. Oft sind es die Hunde unserer Mitarbeiter, die in einem Werbespot mitspielen. Die kennen wir wirklich gut und wissen, wie wir mit ihnen arbeiten können. Für knifflige Aufgaben oder gar kleine Stunts greift man natürlich auf professionelle Filmhunde zurück, die eine geeignete Ausbildung dafür haben."

In den meisten Fällen kommen Profi-Hunde zum Einsatz. In der Filmwelt geht es überhaupt nur mit einem Tiertrainer, die Zutaten sind aber dieselben. Geduld und Einfühlungsvermögen, erzählt Eva Mang aus der Praxis: „Wenn die Aufnahmen zu lange dauern, bedarf es eines guten Trainers, der spürt, wenn der Hund müde ist. Hunde haben nie schlechte Laune, was am Set auch bei großem Stress immer für Entspannung und wohltuende Lacher sorgt." Genau das ist das Erfolgsrezept der Hunde – am Bildschirm und bei der Arbeit.

Unsere Liste mit österreichischen Filmen und Serien

„Kommissar Rex"
„Herrn Josefs letzte Liebe"
„Schwejks Flegeljahre"
„Tafelspitz"
„Ruf der Wälder"
„Krambambuli"

Eva Mang, Werbeagentur und Kommunikation

Herausgeberin der Stadlpost, Autorin, Texterin und Drehbuchautorin
Mail: eva.mang@mang.at
Web: www.mang.at

Cidcom Werbeagentur

Stephanos Berger
Wiedner Hauptstraße 78
1040 Wien
Tel.: 01-40648140
Mail: office@cidcom.at
Web: www.cidcom.at

Da gibt's was für die Ohren

Musikalisches für Mensch und Hund

Persönliche Noten

Es gibt so einige Lieder, in denen der Hund drinnen ist. In manchen hat er einen prominenten Platz im Titel. In anderen muss man schon die Ohren spitzen, um ihn herauszuhören. Es gibt österreichische Musiker, die ihren Vierbeinern einen ganzen Song widmen. Und manchmal muss er nur als Metapher herhalten. Eine kleine Hitparade.

Hunde mit Musikgeschmack

Lieder um den Hund

„Wenn ich mit meinem Dackel von Grinzing heimwärts wackel…" – Peter Alexander
„Unser Hund jagt im Himmel die Engel" – Peter Alexander
„Ein Kater ist kein Hund" – Marianne Mendt
„I und mei Hund" – Georg Danzer
„Strandhunde" – Georg Danzer

Lieder, in denen sich der Hund zwischen den Zeilen versteckt

„Selbstbewusst" : „… das Selbstbewusstsein ist a Hund…" – Wolfgang Ambros
„Über meinen Horizont": „… ein Hund an der Ketten hat immer nur ein und dasselbe zu bellen …" – Rainhard Fendrich
„Schwesterherz": „… wir woan amoi wie Hund und Kotz …" – Stefanie Werger

Applaus für Beethoven

Hunden ist es egal, ob sie im Text vorkommen. Sie mögen musikalische Untermalung in ihrem Alltag auch so. Hundeflüsterer Reinhard Mut hat sich ihren Musikgeschmack vorgenommen und kennt die Chartliste unserer Vierbeiner. Sie sind echte Klassik-Liebhaber. „Aufgeweckte Hunde lieben Schumanns Wiegenlied oder Beethovens Mondscheinsonate, aber durchaus auch sanfte Popmusik. Ängstliche Hunde sind echte Mozart-Fans. Hunde, die viel an der Leine ziehen, bevorzugen interessanterweise Volksmusik. Aber im Großen und Ganzen muss man auspro-

Klassische Musik ist bei Vierbeinern ganz weit vorn

bieren, was ihnen gefällt. Zu laute Musik ist es mit Sicherheit nicht. Immerhin hört das Hundegehör acht Mal so laut wie wir."

Konzert für Bello

Für alle Fälle gilt: die Anlage leise aufdrehen. Auch bei Hundemusik, obwohl das nicht ganz das richtige Wort dafür ist. Extra komponierte Musik für feine Hundeohren ist da schon passender. Auch hier ist klassische Musik sehr beliebt, gerne auch kombiniert mit Naturgeräuschen. Das musikalische Ziel: Entspannung für den Hund, einfach nur so. Oder Beruhigung bei Problemen. Zum Beispiel, wenn ein Hund nicht alleine bleiben will, Angst vor Autofahrten hat oder sich vor der Silvesterknallerei

fürchtet. Hundemusik und Menschenmusik kann da durchaus gleich klingen. Ton in Ton sozusagen. Die Chancen stehen also gar nicht schlecht, dass sich eine gemeinsame Lieblings-CD für alle vier Ohren finden lässt.

Reinhard Mut

Web: www.hundeflüsterer.at

CD-Empfehlungen

Varios, Entspannungsmusik für Ihren Hund. 18,99 Euro
Tshinar, Relaxing Music for Dogs and their owners. 9,89 Euro

Da gibt's was zu lesen

Der Hund in der Literatur

Christian Seiler, Besser leben mit dem Hund Barolo. 9,95 Euro

Barolo ist seit Jahren Hauptdarsteller in der Zeitungskolumne seines Herrchens. Das Buch ist ein pointierter Ratgeber, warum und wie das Zusammenleben von Hund und Mensch Spaß macht.

Daniel Glattauer, Der Weihnachtshund. 8,20 Euro

Max will vor Weihnachten flüchten und auf die Malediven fliegen. Dabei ist ihm Kurt, sein Hund, im Weg. Eine wunderbare Liebesgeschichte.

Christine Nöstlinger, Der Hund kommt. (Beltz & Gelberg) 9,95 Euro

Ein Geschichte über Freundschaft und was es heißt, füreinander da zu sein. Wir finden, ein Buch für Kinder und Erwachsene.

Die Verlängerung des Menschen

Blindenhunde und andere Helfer

Wer nicht mehr alles allein machen kann, braucht jemanden, der ihm zur Hand geht. Oder bei Fuß. Assistenzhunde sind diejenigen unter unseren wedelnden Freunden, die Privatpersonen im täglichen Leben unterstützen, wenn eine Krankheit oder andere Einschränkungen das Leben etwas schwieriger gestalten. Die bekannteste Aufgabe dieser Servicehunde ist, Blinde und Gehörlose zu unterstützen, aber die Tiere können noch weit mehr.

Die speziell ausgebildeten Hunde sind in der Lage, Menschen mit körperlichen und geistigen Einschränkungen sozusagen zu vervollständigen, also die ausgefallenen Sinnes- und Körperfunktionen so gut wie möglich zu ersetzen. Und sie sind fähig, Warnsignale des menschlichen Körpers zu erschnüffeln. Sie riechen Diabetes-Schwellwerte, erkennen einen drohenden Epilepsieanfall, finden auch noch die kleinsten Schimmelflecken in Wohnungen, und das sind nur ein paar Beispiele. Nicht nur für Menschen gibt es Assistenzhunde, sie sind auch für andere Tiere da. Der Beagle etwa ist dafür bekannt, am Kot von Eisbärweibchen herauszuschnüffeln, ob sie trächtig sind oder nicht. Wie man sich vorstellen kann, könnte ein Schwangerschaftstest bei so einer Bärin sonst eine recht gefährliche Angelegenheit werden.

Dieser Beagle, sein Name ist Elvis, ist so geschickt, dass schon eine vorbeigebrachte Stuhlprobe reicht, und er mit 97-prozentiger Wahrscheinlichkeit vorausbellen kann, ob mit Eisbärbabys zu rechnen ist oder nicht. Damit man rechtzeitig die Ernährung der Eisbärmama umstellen und sie aus dem Gehege entfernen kann, um sicherzustellen, dass kein Eisbär die Ungeborenen verschreckt.

Nicht als Assistenzhund eingestuft, und doch eine große Hilfe für kranke Menschen ist der Therapiehund. Üblicherweise ein Haushund, der durch sein Wesen und seine Empathie in der Lage ist, psychisch oder physisch Kranken das Leben ein wenig zu erleichtern und ein wenig Freude in den Alltag zu bringen.

Blindenführhund

Der Blindenführhund ist dafür da, blinden und sehbehinderten Menschen die gefahrlose und sichere Orientierung in vertrauter, vor allem aber in fremder Umgebung zu ermöglichen. Die Tiere suchen auf Anweisung Türen und Eingänge, Stiegen, Zebrastreifen, Briefkästen, Geschäfte und freie Sitzplätze in öffentlichen Verkehrsmitteln. Ohne Anweisung lotsen sie ihren Besitzer sicher durch die Umgebung, umgehen Pfüt-

Assistenzhunde helfen Menschen in alltäglichen Situationen, etwa Schuhe auszuziehen

zen und Schwellen, weichen Straßenschildern, parkenden Autos und Fußgängern aus und zeigen jede Art von Hindernis an. Beeindruckend ist, dass die Hunde auch Hürden ausweichen, die für sie selbst keine sind, wie Schranken oder andere Höhenbegrenzungen, unter denen der Hund durchpasst, das blinde Frauerl oder Herrchen aber Gefahr läuft, sich den Kopf anzuhauen.

Knapp 80 Hörzeichen kann ein gut ausgebildeter Blindenhund abrufen, sofern sein Besitzer viel und regelmäßig mit ihm trainiert. Es ist wie beim Menschen: Übt man etwas nicht, gerät es in Vergessenheit. Gibt der Hundeführer, weil er eine Situation eben nicht richtig beurteilen kann, einen falschen Befehl, muss das Tier ihn verweigern. Eine besonders

schwierige Übung, die man intelligenten Ungehorsam nennt. Ein Blindenhund löst Probleme also selbstständig, indem er nicht folgt. Beispiel: Ein stark sehbehinderter Mensch, der die Technik mit dem Blindenstock gut beherrscht, braucht für eine unbekannte Strecke von 300 Metern etwa eine halbe Stunde. Der Blindenführhund bringt ihn in fünf Minuten über dieselbe Distanz, und das auch noch auf dem sichersten Weg.

Um dieses Ziel zu erreichen, ist eine lange Ausbildung nötig. Sie dauert mehr als ein halbes Jahr, in dem der Hund lernt, die für seinen Besitzer wichtigen Hindernisse und Gefahren zu erlernen und entsprechend anzuzeigen. Der Mensch ist schon sehr früh auf die Fähigkeit des Hundes

aufmerksam geworden, des Menschen Auge zu sein. Das zeigen Wandmalereien in Herculaneum, einer Stadt in Italien, die wie Pompeji beim Ausbruch des Vesuv verschüttet wurde. Aus dem 13. Jahrhundert ist ein Seidenteppich aus Fernost bekannt, der einen Mann mit Blindenstock und Hund darstellt. Die Ausbildung nach System begann dann um 1780 in Frankreich, wo sich die Bewohner eines Pariser Blindenheimes Hunde selbst abgerichtet haben. Dann ging es Schlag auf Schlag, und zwar in Österreich.

Josef Reisinger, ein Siebmacher aus Wien, der nicht mehr sehen konnte, richtete 1788 seinen Spitz so gut ab, dass seine Mitmenschen manchmal sogar an seiner Blindheit zweifelten. Schließlich gab Johann Wilhelm Klein, der Gründer des Wiener Blinden-Erziehungs-Institutes in seinem „Lehrbuch zum Unterricht der Blinden" aus dem Jahr 1819 Tipps und Tricks zum Abrichten von Blindenhunden. Ob diese Hunde dort allerdings selbst eingesetzt wurden, ist nicht überliefert.

In Österreich kostet ein Blindenführhund ungefähr 30.000 Euro, die nicht von der Krankenkasse übernommen werden. Gute Vorbilder zum Beispiel aus Deutschland lassen aber hoffen, dass diese einzigartige Unterstützung bald für alle sehbehinderten Menschen leistbar sein kann.

Signal-oder Gehörlosen-Hunde

Ein Hund kann auch das Ohr seines Besitzers sein. Er macht ihn auf Geräusche in seiner Umgebung aufmerksam, wenn zum Beispiel die Türglocke oder das Telefon läutet, jemand den Namen seines Menschen ruft oder der Fernseher noch läuft. Nicht einmal der Wecker wird ignoriert. Wenn der Besitzer etwas fallen lässt und natürlich den Aufprall nicht hört, weist ihn der Hund darauf hin. Er stupst ihn an und führt ihn zur Geräuschquelle. Im Straßenverkehr sind es hupendes Auto, Sirenen von Einsatzfahrzeugen oder ein von hinten herannahendes Fahrzeug, das der Hund seinem Hundeführer meldet.

Medizinische Signalhunde

Tiere, die auf medizinische Besonderheiten abgerichtet sind, erschnüffeln Veränderungen im menschlichen Körper. Bekannt sind hier vor allem die Diabetes-Hunde, es gibt aber auch Epilepsie-Warnhunde und sogar Tiere, die Krebszellen riechen können. Die Diabetes-Hunde weisen den Besitzer zuerst durch Anstupsen oder, wenn es dringender ist, durch Bellen, darauf hin, wann sich der Zuckerspiegel im Blut gefährlich verändert und der Mensch droht, bewusstlos zu werden. Die Hunde überwachen ihren Menschen Tag und Nacht und ersparen dem Diabetiker, sich allzu oft mit dem Blutzuckermessgerät piksen zu müssen.

Am 12. Mai 2012 wurde an die fünfjährige Nelly der erste Diabetes-Hund Österreichs übergeben. Der Labradoodle Keks, eine Mischung aus Labrador und Pudel, die die besten Eigenschaften beider Rassen in sich vereint, ist der erste Alarmhund des Landes, der gelernt hat, Zuckerwerte außerhalb des Normbereiches anzuzeigen. Wenn Nellys Zuckerspiegel steigt oder sinkt, spürt sie Keks' kalte Schnauze. Dann wissen ihre Eltern oder sie selbst, dass die Blutzucker-

Keine Hindernisse: Blindenhunde zeigen ihren Menschen, was sie nicht sehen

werte nicht stimmen, und können rechtzeitig handeln. Reagiert Nelly nicht, lässt Keks nicht locker, bevor dem Kind schlecht wird, schlägt sie sogar laut an. Keks darf Nelly sogar zweimal die Woche in den Kindergarten begleiten, wenn sie in die Schule kommt, wird der Hund auch im Unterricht an ihrer Seite sein dürfen. Keks' Ausbildung ist noch nicht ganz beendet, aber 2012 erschnüffelte er untertags die Gefahr schon in 80 Prozent der Fälle.

Epilepsie-Hunde

Epileptische Erkrankungen, genauer gesagt die daraus resultierenden Anfälle, können von Epilepsie-Warnhunden vorausgesagt werden. 15 Prozent aller Hunde von Epileptikern spüren sie sogar ohne Training, meistens Minuten, manchmal sogar Stunden vorher. Gut trainierte Tiere warnen ihren Besitzer fünf bis fünfzehn Minuten vor dem Ereignis. Das reicht, um einerseits Notfallmedikation zu nehmen und das nähere Umfeld zu warnen, andererseits, um gefährliche Gegenstände aus der Umgebung zu entfernen.

Dem Erkrankten gibt das ein gewisses Gefühl von Sicherheit, von den Anfällen nicht mehr überrascht zu werden. Das macht es leichter, unter Leute zu gehen, was für Epileptiker ja nicht selbstverständlich ist. Die sozialen Kontakte führen dazu, dass sich die Betroffenen wohler in ihrer Haut fühlen, selbstsicherer und weniger gestresst sind, und das wirkt sich wieder positiv auf das Krankheitsbild aus.

Beim Epilepsie-Hund sind zwei Eigenschaften gefragt. Einerseits soll er vor Anfällen warnen, andererseits soll er, falls sein Besitzer dazu nicht mehr in der Lage ist, gefährliche Gegenstände aus dem Weg räumen oder ihn nicht mehr in die Nähe von Treppen oder sonstigen Abgründen lassen. Weiters könnte der Hund zum Beispiel eine Warnklingel betätigen oder jemanden auf den Anfall des Hundeführers aufmerksam machen.

Krebs-Warnhund

Eine noch relativ unbekannte Fähigkeit des Hundes ist es, bei Patienten Krebs zu diagnostizieren. Studien haben gezeigt, dass Hunde an der Atemluft oder einer Urinprobe mit bis zu 90 Prozent Genauigkeit melden können, ob der Mensch an Krebs erkrankt ist oder nicht. Derzeit weiß man, dass Hunde Brust-, Lungen-, Darm-, Eierstock- und Blasenkrebs erkennen. Den Grund dafür sehen Forscher nicht nur in der herausragenden olfaktorischen Fähigkeit des Hundes, sondern auch in seiner ausgeprägten Beobachtungsgabe, die jede kleinste Bewegungen, jede Nuance der Stimme und minimale Haltungsänderungen registriert und dem Hund ein Bild vom Zustand des Menschen zeichnet. Wie unsere vierbeinigen Freunde das genau schaffen, weiß man noch nicht. Eines aber ist sicher: Der deutsche Schäfer ist in diesem Bereich besonders begabt. Kaum ein anderer Hund hat diesen ausgeprägten Wunsch, seinem Menschen zu gefallen. Die Bindung des Hundes an den Menschen ist deshalb ein wichtiger Faktor für eine erfolgreiche Diagnose.

Therapiehund

Assistenzhunde können nur von geschulten Hundetrainern ausgebildet werden. Aber jeder Hundebesitzer kann mit einem Hund, der die richtige Veranlagung hat, die Prüfung zum Therapiehund ablegen. Im Prinzip ist jeder Hund, ob groß oder klein, zum Therapiehund geeignet, wenn er gesund, wesensfest, nicht aggressiv und mit einem ausgeprägten Spieltrieb ausgestattet ist. Das Tier muss zum Zeitpunkt der Eignungsprüfung zwölf Monate alt sein, die Prüfung zum Therapiehund kann frühestens mit dem 15. Lebensmonat abgelegt werden.

Ein Therapiehund kann viel für Kranke tun. Hunde wirken physisch auf Menschen: Blutdruck und Atemfrequenz verringern sich, das Immunsystem stabilisiert sich, sie helfen bei der Muskelentspannung und bei der Verbesserung der Motorik oder des Gesundheitsverhaltens. Und sie wirken psychisch: Das emotionale Wohlbefinden des Patienten bessert sich, Selbstwertgefühl und Selbstsicherheit steigen, die Kontrolle über sich selbst wird gefördert, Angst, Depressionen und Suizidgedanken werden verringert. Vor allem aber helfen Hunde sozial: Einsamkeit und Isolation sind weniger akut, die Patienten erfahren Nähe und Körperkontakt, das Vertrauen wird gefördert, das Verantwortungsgefühl für andere steigt ebenso wie das Einfühlungsvermögen, der Respekt für Umwelt und Tier wird geschult.

In Österreich ist derzeit nur der Blindenhund gesetzlich verankert, im Allgemeinen legt man die Bestimmungen aber für alle

Assistenzhunde aus. Man darf sich also nicht wundern, wenn einem einmal im Lebensmittelladen ein Hund entgegenkommt – es könnte ein Assistenzhund sein. Sie dürfen auch mit ins Kino, ins Theater, sie sind im Spital willkommen und in Wien auch von Leinen- und Beißkorbpflicht befreit. In den Öffis fahren sie kostenlos. Und wenn man im Flugzeug etwas Felliges am Nebensitz spürt, ist es auch nicht immer eine Dame im Kunstpelzmantel. (Text: Uli Kasess)

Informationen im Internet

Engel auf Pfoten
Web: www.engelaufpfoten.at/blindenfuehrhunde.html
Freunde der Assistenzhunde Europas
Web: www.reha-dogs.org
Therapiehunde-Team
Web: www.therapiehunde-austria.org

Gott & die Hundewelt
Trauer & Tod

Was ist nach dem Tod des geliebten Gefährten zu tun? Wo liegt der Hund begraben? Wie wirkt eine Todesspritze? Was hilft bei der Trauerbewältigung? Und was hat Gott mit all dem zu tun? Im letzten Kapitel im Leben eines Hundes geht es um endgültige Entscheidungen, das Geschäft mit dem Tod und lebendige Erinnerungen.

Schlaf gut, Liebling

Die schwere Entscheidung über Leben und Tod

Die häufigste Todesursache unserer Hunde ist die Euthanasie. Das Wort kommt aus dem Griechischen und setzt sich aus *eu~* für gut, richtig, leicht, schön, und *thánatos*, der Tod, zusammen. Schön und leicht ist die Entscheidung, dem Leben eines geliebten Tieres ein Ende zu setzen sicher nie. Bevor ein Hundeleben zur schmerzlichen Qual wird, kann es aber trotzdem eine gute, richtige Entscheidung sein. Wenn die Lebensqualität des Hundes massiv eingeschränkt und die Aussicht auf eine Genesung nicht mehr gegeben ist, darf er bekommen, was Menschen verwehrt ist. Sterbehilfe.

Eine Euthanasie sollte unbedingt gemeinsam mit dem Tierarzt des Vertrauens besprochen werden. Nach genauer Untersuchung des klinischen Zustands und einer Einschätzung der Besserungschancen, gilt es, gemeinsam den optimalen Zeitpunkt zu finden. Und der darf weder zu früh, noch zu spät sein. Die endgültige Entscheidung über Leben und Tod, kann einem aber niemand abnehmen.

„Jeder Mensch und jedes Tier ist anders. Man muss hier als Tierarzt sehr einfühlsam sein. Hunde sind Partner, die uns ein Leben lang begleiten. Eine Euthanasie sollte wirklich nur dann gemacht werden, wenn es keine andere Möglichkeit mehr gibt." Sagt Tierärztin Johanna Oberthaler, der eine intensive Begleitung ihrer Kunden in dieser Zeit besonders wichtig ist. „Meine Kunden kennen ihr Tier am besten und wissen auch, ob es ihm gut geht oder nicht. Ich sollte aber Anzeichen erkennen, die ein Tierbesitzer in diesem Moment vielleicht nicht sehen will."

Die heutige Medizin bietet die Möglichkeit zu einer sehr schonenden Euthanasie. Die Medikamente werden intravenös verabreicht, was den Vorteil hat, dass es schnell geht und dem Hund bei der Applizierung keine Schmerzen entstehen. „Manche Hunde fressen, bis sie den letzten Schnaufer tun oder sie zusammensacken, weil das Narkosemittel wirkt", erzählt Tierärztin Johanna Oberthaler.

Nach einem Angst lösenden Präparat wird ein tiefes Narkotikum in Überdosierung gespritzt, das sofort dazu führt, dass die Gehirnaktivität ausgeschaltet wird. Meist

führt das auch gleichzeitig zum Atemstillstand des Tieres. Anschließend wird ein Mittel verabreicht, das den Herzstillstand des Tieres herbeiführt. „Wichtig ist es, den Tierbesitzer vorher darauf vorzubereiten, dass dann noch einmal ein Muskelzucken oder ein tiefer Atemzug des Tieres möglich ist", sagt Oberthaler. Ob die Euthanasie zu Hause oder in der Tierarztordination durchgeführt wird, liegt ebenfalls in der Entscheidung des Hundehalters. Auch diese Vor- und Nachteile bespricht man mit dem Tierarzt.

Einfach nur heimgehen

Gegen einen Eingriff des Menschen in den natürlichen Lebenszyklus spricht sich Tierenergetikerin Margot Fischer aus: „Unser oberstes Ziel im Sterbebegleitungsprozess sollte sein, dass die Seele eines Tieres den Zeitpunkt, wann sie gehen möchte, selber bestimmen kann, und das Tier in einem ruhigen entspannten Zustand im Kreis seiner Familie sein kann." Die Tierkommunikatorin nimmt Kontakt mit dem Tier und seiner Seele auf: „Wenn es sich bereits im

Übergangsprozess befindet, dann ist es unglaublich schön, zu spüren, wie viel Ruhe und Frieden einkommt und dieses wunderbare Gefühl bei Weitem das überlagert, was wir Menschen als körperliches Leid sehen."

Mit Heilenergiesitzungen, schulmedizinischen Schmerzmitteln und spagyrischen oder homöopathischen Präparaten bringt sie das Tier in einen entspannten und ruhigen Zustand, „in dem ein Hinübergehen überhaupt erst möglich wird". Fischer arbeitet dabei mit Tierärzten zusammen, die ganzheitlichen Methoden gegenüber offen sind. Aus ihrer Erfahrung sei es nur in Ausnahmefällen wirklich für die Seele nach vorheriger Kontaktaufnahme in Ordnung, zur Euthanasie zu greifen. „Es steht uns Menschen nicht zu, in diesen Kreislauf von Leben und Sterben einzugreifen, und es entsteht sehr oft durch die gängige Praxis des vorschnellen Einschläferns wesentlich mehr Leid für die Seele des Tieres und auch des Besitzers, als das körperliche Leid der letzten Tage ausgemacht hätte."

Zeit der Trauer

Für viele Menschen ist der Verlust ihres Tieres eine große emotionale Belastung und führt häufig zu Depressionen und Einsamkeitsgefühlen. Zum Schock über den Tod kommt die Umstellung des Tagesablaufs, der bisher vom Tier mitbestimmt wurde. Psychotherapeutin Elisabeth Töpel bietet in ihrer Ordination Beratung für Menschen an, die um ihr Tier trauern und mit der Verlustbewältigung alleine nicht zurechtkommen. Häufig fehlt ihren Patienten das Verständnis ihrer Umwelt und damit einfach ein Gesprächspartner. Die Therapeutin begleitet ihre Patienten in ihrer Trauer und gibt Hilfe zur Selbsthilfe: „Für viele Menschen ist ihr Haustier Partner- oder Kinderersatz. Besonders in der ersten Zeit nach dem Verlust ist es sehr wichtig, über ihre Gefühle zu sprechen."

Johanna Oberthaler

Tierarztpraxis Tierplus
Zwerchäckerweg 4-26
1220 Wien
Tel.: 01-8901271
Mail: wien-stadlau@tierplus.at
Web: www.tierplus.at

Margot Fischer

Sanfte Methoden zur Tiergesundheit
Tel.: 0650-9258339
Mail: pfote@margot-fischer.at
Web: www.margot-fischer.at

Elisabeth Töpel

Werdertorgasse 15/8
1010 Wien
Tel.: 0664-9223222
Mail: office@redenhilft.at
Web: www.redenhilft.at

Hunde, könnt ihr nicht ewig leben?

Der Abschied auf immer

Es ist ein Moment, vor dem einem schon graut, wenn man den Welpen abholt. Aber der Tod gehört auch zu einem Hundeleben, und spätestens dann muss man überlegen, was mit dem besten aller Freunde geschehen soll. Die Bandbreite von der kostenlosen, aber wenig würdevollen Verarbeitung in der Tierkörperverwertung bis zur kostspieligen Edelsteinbestattung ist groß.

Tierkörperbeseitigung

Für die Abholung, Übernahme und Verwertung toter Haustiere in Wien ist die ebswien tierservice GmbH zuständig. Sie holt Tiere, die zu Hause gestorben sind oder dort von einem Tierarzt eingeschläfert wurden, im Zuge einer Sammeltour innerhalb von 24 Stunden kostenlos ab und entsorgt sie unter Einhaltung der seuchenrechtlichen Vorschriften. Der Tierkörper wird zerkleinert und bis zum Zerfall der

Weichteile erhitzt. Die daraus gewonnen Stoffe werden dann für industrielle Zwecke weiterverarbeitet.

Für die Abholung von tierärztlichen Ordinationen wird ein kostendeckender Beitrag eingehoben, der im Normalfall an den Tierbesitzer weiterverrechnet wird. Die Abholung des toten Haustieres kann rund um die Uhr unter der Telefonnummer 01-7676176 veranlasst werden, oder man bringt es selbst zur Tierkörperverwertung nach Simmering. Außerhalb der Öffnungszeiten stehen im Einfahrtsbereich Behälter zur Abgabe zur Verfügung.

ebswien tierservice Ges.m.b.H. Nfg KG

Alberner Hafenzufahrtsstr. 8
1110 Wien
Tel.: 01-7676176
Mail: office@ebswien.at
Web: www.ebswien.at/tierservice

Erdbestattung

Bellos Lieblingsspielwiese als letzte Ruhestatt klingt zwar verlockend, auf öffentlichem Grund ist das Vergraben von toten Tieren aber verboten. Auf Privatgrundstük-

ken sind Beerdigungen erlaubt, wenn kein Verdacht auf eine Tierseuche besteht und das Grundwasser nicht gefährdet ist. In jedem Fall sollte man den Körper tief genug vergraben, damit ihn Wildtiere nicht wittern können. Für die Beisetzung von Haustieren gibt es aber auch eigene Tierfriedhöfe.

Kremierung

Immer mehr Tierbesitzer entscheiden sich für die Einäscherung des verstorbenen Lieblings im Tierkrematorium. Die Asche kann zu Hause aufbewahrt, verstreut oder beerdigt werden. Eine ganz besondere Form der Erinnerung ist die Edelsteinbestattung, bei der aus der Asche oder den Haaren des Tieres funkelnde Rubine oder Saphire gefertigt werden.

Meldungspflichten im Todesfall

Der Tod eines Hundes muss der zuständigen Behörde (MA 6) gemeldet werden. Solange die Meldung nicht erfolgt ist, besteht die Abgabenpflicht der Hundeabgabe weiter.

Magistratsabteilung 6

Rechnungs- und Abgabenwesen
Friedrich-Schmidt-Platz 3
1082 Wien
Tel.: 01-400007620
Web: www.wien.gv.at/amtshelfer/finanzielles/rechnungswesen/abgaben/hundeabgabe.html

Abmeldung bei der Heimtierdatenbank

Seit 2010 besteht die gesetzliche Verpflichtung, Hunde mit einem elektronischen Chip zu kennzeichnen. Der Tod eines Tieres ist bei der Registrierungsstelle zu melden.

Heimtierdatenbank
Web: heimtierdatenbank.ehealth.gv.at

Animal Data
Web: www.animaldata.com

Petcard
Web: www.petcard.at

IFTA
Web: www.tierregistrierung.de

Endstation Simmering

Der Friedhof der Kuscheltiere und das Wiener Tierkrematorium

Auf der einen Straßenseite ruhen Ludwig van Beethoven, Helmut Qualtinger, Johann Nestroy, Hans Moser und Helmut Zilk, auf der anderen Strolchi, Flocke, Bubsl, Sindy und Rocky. 2011 kam die Stadtverwaltung dem Wunsch vieler Tierbesitzer nach und eröffnete einen Tierfriedhof gegenüber dem Zentralfriedhof in der Simmeringer Hauptstraße.

Geschäftsführer Hermann Hahner ist vom ersten Tag an dabei und so etwas wie die gute Seele des Tierfriedhofs. Er kennt seine Kundschaft persönlich und agiert mit viel Herz und Verständnis für die trauernden Menschen.

Geschäftsführer Hermann Hahner im Aufbahrungsraum

Er hört ihnen zu, spendet Trost und wärmt sie an kalten Tagen mit heißem Kaffee. Und er kümmert sich um alle Details, mit denen die trauernden Menschen in ihrem Schock oft überfordert sind. Er koordiniert die Abholung des toten Haustiers, den Termin für das Begräbnis, vermittelt den Steinmetz für den Grabstein, berät bei der Auswahl von Sarg oder Urne und beauftragt die Floristin.

Die Gräber sind mit Grabsteinen, Statuen, Steinen und Fotos der verstorbenen Tiere geschmückt. Frische Blumen, Kerzen, selbstgebastelte Erinnerungsstücke und

Besonders an den Wochenenden ist der Wiener Tierfriedhof gut besucht

Dekorationen zeugen von regelmäßigen Besuchen und intensiver Grabpflege. Die meisten kommen am Wochenende, um ihrer verstorbenen Lieblinge zu gedenken, einige sogar täglich. Oft sind es Kinder, die sich eine Beisetzung des tierischen Spielgefährten auf dem Friedhof wünschen. Die moderne Anlage ist vor allem für Hunde und Katzen letzte Ruhestätte. Aber auch Hamster, Kaninchen und Vögel liegen hier begraben.

Der Wiener Tierfriedhof bietet die Beisetzung von Tierkörpern oder Tierurnen in Erdgräbern an. Die Mindestlaufzeit beträgt zwei Jahre, die meisten Menschen entscheiden sich für eine Laufzeit von fünf oder zehn Jahren. Neben den Gräbern gibt es auch die Möglichkeit, die Asche verstorbener Tiere in einer Urnenwand zu bestatten. Die Kosten

sind abhängig von der Größe des Tieres und des Grabes. Zur persönlichen Verabschiedung vor der Beisetzung steht ein Aufbahrungsraum zur Verfügung. Auch Grabpflege und -schmuck übernimmt der Tierfriedhof auf Wunsch.

Die Beisetzung eines verstorbenen Haustieres ist nicht billig. Ein Kleintierurnengrab für zwei Jahre kostet 175,80 Euro, ein Tiergrab von zweieinhalb Quadratmetern 607 Euro für fünf Jahre. Extra verrechnet werden Abholung (96 Euro), die Aufbewahrung im Kühlraum (34,50 Euro) und die Aufbahrung (34,50 Euro). Die Pflege eines kleinen Grabes ohne Schmückung startet bei 435,00 für fünf Jahre. Wer die Kosten auf sich nimmt, hat hier einen schönen Platz für seine Trauer und trifft viele gleichgesinnte Tierliebhaber, die das Andenken an ihre Lieblinge aufrecht halten wollen.

Staub zu Staub, Asche zu Asche

Wenige Kilometer vom Tierfriedhof entfernt befindet sich seit 1992 das Wiener Tierkrematorium, die einzige Einrichtung, die im Wiener Stadtgebiet Tierkörper verbrennt. Die Anlage wurde 2011 errichtet und gleichzeitig mit dem Wiener Tierfriedhof eröffnet. Im Krematorium werden ausschließlich Heimtiere eingeäschert. Hier landen vor allem die Körper von Hunden und Katzen, aber auch Schildkröten und ein Papagei wurden hier schon verbrannt.

Grabschmuck

Die Abholung eines toten Tieres von zu Hause oder vom Tierarzt kann über eine Telefonhotline, die ganzjährig rund um die Uhr erreichbar ist, veranlasst werden. Im Zuge einer Sammeltour wird der Tierkörper dann innerhalb eines Tages abgeholt. Die Kosten für den Transport betragen 96 Euro. Während der Öffnungszeiten besteht auch die Möglichkeit, das Tier selbst zum Krematorium zu bringen. Bis zum Einäscherungstermin wird es hier in einem Kühlraum aufbewahrt. Häufig werden die Tierkörper auch von Tierärzten gebracht, die ihren Kunden diesen Weg abnehmen. Das Krematorium nimmt dann Kontakt mit dem Tierbesitzer auf, um alle weiteren Schritte zu vereinbaren.

Der Betrieb bietet zwei verschiedene Varianten der Einäscherung an. Bei der einfachen Kremierung werden mehrere Tiere gemeinsam verbrannt, die Asche kommt danach in eine Gemeinschaftsurne am Wiener Tierfriedhof. Bei der Einzelkremierung können Tierbesitzer bei der Verbrennung dabei sein und anschließend die Asche übernehmen. Die Preise richten sich nach dem Gewicht der Tiere. Sie reichen von 54 Euro für ein Tier bis zwei Kilo bei einfacher Kremierung, bis zu 498 Euro für einen Hundekörper mit über 51 Kilo. Das Krematorium bietet um 34,50 eine Aufbahrung im Verabschiedungsraumraum an.

Die Asche kann in einem selbst mitgebrachten Gefäß oder einer Urne mitgenommen werden. Manche Tierbesitzer heben sie zu Hause auf, andere verstreuen die Asche an den Lieblingsplätzen ihres verstorbenen Tieres oder bestatten die Urne am Tierfriedhof. Im Krematorium kann man verschiedene Urnenmodelle kaufen. Wenn Kinder um ihre Haustiere trauern, basteln sie oft selbst eine Urne. Prokurist Alfred Deim ist mehrfacher Haustierbesitzer, kann die Trauer seiner Kundschaft nach-

Blick vom Verabschiedungsraum auf die Verbrennungsöfen

vollziehen und versucht, alle Wünsche der Kunden zu erfüllen. Nicht gestattet sind religiöse Rituale. Auch Wastis Lieblingsspielzeug oder sein Kuschelpolster dürfen nicht mitverbrannt werden, die Verbrennungsanlage ist dafür nicht ausgerichtet.

Die Dauer der Verbrennung hängt von der Größe des Körpers ab. Bei kleinen Tieren dauert sie ungefähr sechzig Minuten, bei größeren bis zu dreieinhalb Stunden. Durch ein Sichtfenster im Verabschiedungsraum haben die Tierbesitzer bei einer Einzelkremierung Einblick zu den beiden Verbrennungsöfen und können sich davon überzeugen, dass hier tatsächlich ihr Tier zu Asche wird. Dieses Service wird im Gegensatz zu einer Aufbahrung nicht verrechnet.

Das Geschäft mit dem Tod läuft gut. Immer mehr Tierhalter wollen ihren Liebling nicht der Tierkörperverwertung überlassen und entscheiden sich mit einer Einäscherung oder Bestattung für einen würdevollen Abschied.

Die gemeinsame Telefonhotline des Wiener Tierfriedhofs und des Tierkrematoriums ist von 0:00 bis 24:00 Uhr unter 01-5234679 erreichbar.

Tierfriedhof Wien GmbH

Anton Mayer Gasse 5
1110 Wien
Tel.: 01-7607028190
Mail: office@tfwien.at
Web: www.tfwien.at

Wiener Tierkrematorium GmbH

Alberner Hafenzufahrtsstr. 8
1110 Wien
Büro: Burggasse 60
1070 Wien
Tel.: 01-5234679 (0:00 bis 24:00 Uhr)
Mail: office@wtk.at
Web: www.wtk.at

Private Tierbestattungs- unternehmen und Tierfriedhöfe

Außerhalb der Wiener Stadtgrenzen gibt es in näherer Umgebung zwei Tierfriedhöfe von privaten Anbietern. Sie kümmern sich auch um die Kremierung verstorbener Tiere.

Tierfriedhof „Waldesruh"

Anima Tierbestattung
2011 Sierndorf
Büro: Berlagasse 36
1210 Wien
Tel.: 01-8973346
Bereitschaftsdienst: 0664-1017522
Mail: info@wienertierfriedhof.at
Web: www.wienertierfriedhof.at

Tierfriedhof „Himmelgarten"

Antares Tierbestattungen
Hubert Malissa
2872 Mönichkirchen 25
Tel.: 0664-2306284
Mail: malissa@tierbestattungen.at
Web: www.tierbestattungen.at

Tiertrauer Katharina Messinger e.U.

Hofherr-Schrantz-Gasse 4
1210 Wien
Tel.: 0650-7220220
Mail: office@tiertrauer-messinger.at
Web: www.tiertrauer-messinger.at

Unsterblich schön

Wie Präparatoren die Erinnerung an den Hund am Leben halten

Wer im Ausstellungsbereich des Naturhistorischen Museums nach Hunden sucht, wird keine finden. Fast keine. Nur ein Schoßhündchen sitzt in einer Glasvitrine in der Kuppelhalle. Möglicherweise sitzt es schon ziemlich lange dort. Geht man nach der Rasse, könnte es eins aus Kaiserin Maria Theresias Rudel sein. Bewiesen ist da allerdings nichts. Ganz im Gegenteil zu dem armen Kerl, den man in den Keller verbannt hat. Von ihm weiß man mit Sicherheit: Als er noch lebte, hat er Kronprinz Rudolf immer auf die Jagd begleitet. Zum Bildungsauftrag des Museums gehört weder der eine noch der andere, egal, ob sie einst ast-

reine k u. k.-Haustiere gewesen sind oder nicht. Hier sollen Wildtiere vorgestellt werden. Das Hundeähnlichste ist seine wilde Verwandtschaft, die Wölfe.

Schaut man hinter die Kulissen, in die öffentlich nicht zugänglichen Regionen, trifft man dann doch noch ein ausgestopftes Exemplar des Canis Lupus Familiaris. Er wurde aus einem aufgelassenen Präparationsbetrieb übernommen und wartet seither in einem Eck der Werkstatt. Neben ihm liegen streng riechende Knochen, die gerade trocknen. Vor ihm sitzen zwei Präparatoren auf dem Boden und schnitzen eine Fischform aus einem großen Block, aus dem Radio plärrt fröhliche Musik in die Räume, in denen ein eigenwilliges Handwerk ausgeübt wird.

Ausgestopft und zugenäht

Um herauszufinden, was für eine Kunst das Präparieren ist, haben wir Robert Illek besucht. Er ist Technischer Leiter der Zoologischen Hauptpräparation im Naturhistorischen Museum in Wien und unterrichtet auch den Nachwuchs an der Berufsschule.

Ein alter, ausgestopfter Hund wacht in der Präparationsabteilung

Er erklärt uns, wie man Tierkörper so herrichtet, dass sie auch im Tod ihr natürliches Aussehen behalten.

Zuerst wird die Haut des toten Tieres an der Innenseite aufgeschnitten und in einem Stück abgelöst. Anschließend wird sie vom Fettgewebe befreit, sie wird gegerbt und chemisch behandelt, damit Motten keinen Geschmack mehr daran finden. Für Wölfe, die alle etwa gleich groß sind, gibt es vorgefertigte Körperformen aus Kunststoffschaum in verschiedenen Stellungen zu kaufen. Man bestellt sie aus dem Katalog liegend, sitzend oder stehend, wie man halt will. Bei Hunden ist das wegen der deutlichen Größenunterschiede der Rassen etwas schwieriger. Hier wird der Körper des Originals exakt vermessen, aus PU-Schaum nachmodelliert oder aus Holzwolle gewickelt. Nach zwei bis drei Tagen wird die nasse Haut über die Körperform gezogen und zusammengenäht. Vom Originaltier bleiben außer der felligen Hülle nur die Zehenspitzen mit den Krallen. Manchmal verwendet man auch das Schädelskelett des Tieres statt der künstlichen Form, um das echte Gebiss zu behalten. Die Glasaugen mit unterschiedlichen Farben und Pupillenformen der jeweiligen Tierarten werden ebenfalls aus dem Katalog bestellt.

Beim Modellieren des Gesichts wird klar, warum das Präparieren ein Kunstberuf ist. Wenn der Hund irgendwo im Detail liegt, dann hier. Die Augenlieder, Ohren, Falten und Lippen werden in Millimeterarbeit modelliert, mit winzigen Nadeln fixiert, aufgefüllt und verkittet. Zum Schluss setzt der Künstler die Zunge ein und bemalt die Augenlider, die Lippen und das Zahnfleisch.

Robert Illek ist Technischer Leiter der Zoologischen Hauptpräparation im Naturhistorischen Museum

Einmal
Haustier, immer Haustier

In Wien gibt es zwei privat geführte Präparationsbetriebe. Helmut Raith hat die Arbeit an Haustieren inzwischen aufgegeben. Die Nachfrage sei geringer geworden, außerdem wären Haustiere immer ein spezieller Aufwand, der sich kaum lohne. Trauernde Tierbesitzer sind nämlich ausgesprochen schwer zufriedenzustellen, wenn es darum geht, Wastis Blick und Millis Gesichtsausdruck wie zu Lebzeiten nachzustellen. Dass das Ausstopfen von Haustieren nicht mehr so gefragt ist wie früher, bestätigt auch Helmut Raab, er bietet das Service aber weiterhin an. Die

Jäger lassen ihre Beute ausstopfen, um sie stolz als Trophäen zu präsentieren. Haustierbesitzer lassen ihre Lieblinge präparieren, weil sie einfach nicht loslassen können, wie die Geschichte einer alten Dame beweist, deren Rente für die Präparation ihres Königspudels nicht ausreichte. Sie hat sich für die günstige Variante entschieden, um sich weiterhin mit ihren Lieben zu umgeben. Hundefell samt Kopf liegen nun als Vorleger vor der Couch, und darauf sitzt ihre ausgestopfte Katze. Man darf vermuten, dass die alte Dame ein Fan der Bremer Stadtmusikanten war.

Präparatoren bei der Arbeit

Naturhistorisches Museum Wien

Burgring 7
Eingang: Maria-Theresien-Platz
1010 Wien
Tel.: 01-521770
Mail: info@nhm-wien.ac.at
Web: www.nhm-wien.ac.at

Tierpräparator Helmut Raab

Arnethg 54
1160 Wien
Tel.: 01-4814411

Tierpräparator Helmut Raith

Diehlg 34-36
1050 Wien
Tel.: 01-5442916
Mail: office@praeparator-raith.at
Web: www.praeparator-raith.at

Kosten werden nach der Größe des Tieres berechnet, bei Hunden darf man sich auf 500 bis 2.500 Euro gefasst machen. Die Wartezeit beträgt zwischen drei Monaten und einem halben Jahr. Dann aber hält einem der beste Freund bei richtiger Lagerung bis in alle Ewigkeit die Treue.

Um Himmels willen

Wenn Hunde die Kirchenbank drücken

Die besondere Akustik einer Kirche zeigt sich erst dann von ihrer ganzen Kraft, wenn ein Hund kläfft und zig andere es ihm nachmachen. Pfarrerin Ines Knoll lässt sich davon nicht aus der Ruhe bringen. Im Gegenteil, sie lächelt. Es ist Tiergottesdienst in der Evangelischen Stadtkirche im Herzen von Wien.

Plötzlich ist es wieder still, und alle lauschen andächtig der Predigt. Die meisten Hunde machen es sich am Boden zwischen den Kirchenbänken gemütlich, andere sitzen auf den Kirchenbänken und kuscheln sich an ihre Menschen, ein paar sind zu neugierig, schleichen herum und stecken ihre Nasen in alles, was sie normalerweise nichts

Beim Tiergottesdienst dürfen Hunde die Kirchenbank drücken

angeht. Eine Dame hat den Kinderwagen mit ihrem blinden Hündchen vor sich im Gang stehen und ein zweites im Schoß. In der ersten Reihe sitzt ein Herr mit seiner Katze, die sich vor den vielen Hunden in einer Transportbox versteckt.

Pfarrerin Dr. Ines Knoll spendet ihren Segen

Einmal im Jahr feiert die Pfarre diese spezielle Messe, spendet Gottes Kreaturen Segen und anschließend noch eine kleine Jause für Zwei- und Vierbeiner. Willkommen sind alle, auch wenn man eigentlich keinen besonderen Draht nach oben hat

Vor dem Herrn sind alle Geschöpfe gleich

oder einem anderen Glauben folgt. Der Tiergottesdienst ist etwas Besonderes, ein Besuch lohnt sich.

Warum, das kann man auf der Homepage der Pfarre nachlesen. Man glaubt, dass die Seele, die Anima, wie es dort heißt, allem von Gott geschaffenem Leben innewohnt, dass Tiere an unser Erschaffensein erinnern und dass die Herrschaft über die Schöpfung nichts anderes meint als das: Wir mögen des Herrn Wort, das in Ewigkeit bleibt, weiter geben und leben mit allen Wesen, auch den Tieren.

Evangelische Pfarrgemeinde A.B. Wien-Innere Stadt

Dorotheergasse 18
1010 Wien
Tel.: 01-5128392
Mail: pfarramt@stadtkirche.at
Web: www.stadtkirche.at

Gesegnete Geschöpfe

Göttliche Kraft und Gnade für Hund und Katz

Unter die übliche Touristenschar vor dem Wiener Stephansdom mischt sich ein illustres Grüppchen. Menschen und Tiere versammeln sich um Dompfarrer Toni Faber, der anlässlich des Welttierschutztages am 4. Oktober zur Tiersegnung vor die Tore des Wahrzeichens eingeladen hat. Vor allem Hunde werden zur Weihe mitgebracht. Aber auch eine Katze ist zu sehen, wenn auch mit einigem Sicherheitsabstand zu den wedelnden Kollegen, auf den Armen ihres Besitzers hinter den Musikern. Toni Faber erzählt über den wohl berühmtesten katholischen Tierschützer, Franz von Assisi, dessen Todes- und Namenstag auf den 4. Oktober fällt. Und von tierischen Segensempfängern der vergangenen Jahre, der Ziege Isolde und dem Papagei, der seine Worte nachplapperte.

Nach der Gruppensegnung mischen sich Hochwürden Faber und andere Geistliche unter die Anwesenden, um auch einzeln

Jazz-Sängerin Doretta Carter

Segen zu spenden. Beim Handauflegen ist der Dompfarrer bei den Tierhaltern mutiger als bei den Vierbeinern, man weiß schließlich nicht, wie Bello auf den fremden Mann mit großem Umhang reagiert.

Tiersegnung am Stephansplatz

Viele Menschen tragen Fotos ihrer lebenden oder verstorbenen Tiere in Händen. Sie wünschen sich Gesundheit und Wohlbefinden für ihre Lieblinge und dass es ihnen im Himmel gut ergehe. Auch Besserung für ungeliebte Wesenszüge wird erhofft. Eine Frau erbittet den persönlichen Segen des Dompfarrers, weil ihr Hund in letzter Zeit immer aggressiver wurde. Den Versuch ist es wert, denkt sie, es schadet nicht, wenn's schon nix hilft.

Die Segnung solle das friedliche Miteinander zwischen Menschen und Tieren fördern, erklärt Faber den Zweck der Veranstaltung. Bei der Segnung wird um „Schutz der Tiere vor allen Gefahren" gebeten, „damit der Nutzen und die Freude, die sie uns bereiten,

uns zum Zeichen von Gottes Großzügigkeit und Liebe werden".

Das Weihwasser an diesem Tag ist ein ganz besonderes. Es wird eigens aus Assisi importiert. Damit wird auch das Brot gesegnet, das Toni Faber am Schluss der Veranstaltung an die Fiakerpferde verfüttert, die neben dem Steffl auf Fahrgäste warten.

Domkirche St. Stephan

Stephansplatz 3
1010 Wien
Tel.: 01-515523530
Mail: dompfarre-st.stephan@edw.or.at
Web: www.stephanskirche.at
Tiersegnung: Sonntag, 5. Oktober, 15 Uhr

Pecorinos letzte Reise

Erinnerungen des Fotografen an sein berühmtes Model

Mit den Bildern seines Hundes Pecorino wurde der Wiener Reise- und Reportagefotograf Toni Anzenberger weltberühmt. 14 Jahre lang waren die beiden ein unzertrennliches Paar. Beruflich und privat. Er war nicht nur sein treuester Gefährte und inniger Freund, sondern auch sein wichtigstes Model, das ihm ungeheure Anerkennung und Erfolg als Fotograf einbrachte.

Pecorino kam im März 1998 in einem Erdloch in der Nähe von Verona zur Welt. Wenige Monate später wurde seine Mutter Lady tot aufgefunden. Vergiftet. Damit Pecorino nicht dasselbe Schicksal ereilte, nahm ihn Toni Anzenberger auf seine Fotoreise in die Toskana mit. Die ersten Aufnahmen entstanden zufällig, weil der kleine Hund immer wieder vor das Kameraobjektiv lief und dort verharrte. Bald darauf wurden die ersten Fotoagenturen und Medien auf Anzenbergers Arbeit aufmerksam. Der Rest ist eine Hundegeschichte in Bildern.

Aus den unzähligen gemeinsamen Reisen der beiden entstanden Ausstellungen in Wien, Barcelona und New York, zehn Fotobücher, 14 Kalender und diverse Postkartenbücher.

Toni Anzenberger und sein Pecorino

Nach einer gemeinsamen Pilgerreise im Jahr 2010, aus der auch das letzte Pecorino-Buch entstand, bemerkte Anzenberger, dass sein Begleiter schwächer wurde. Der Gesundheitszustand des zwölfjährigen Rüden verschlechterte sich. Das Gehen strengte ihn immer mehr an, und er bekam Probleme mit der Netzhaut. Er wurde immer sensibler und entwickelte Ängste, die er früher nicht hatte. Anzenberger wurde klar, dass er sich langsam auf den schlimmsten Moment eines Hundebesitzers vorbereiten muss.

Pecorinos Enkel Bebop mit Buschwindröschen

Tag des Abschieds

Seine letzte Reise trat Pecorino am 11. September 2012 an. Er starb ganz friedlich in den Armen seines Herrchens. Für Anzenberger war sein Tod, als würde er sein Kind verlieren, und es begann eine lange Zeit tiefer Trauer. Pecorinos Sachen hat Toni Anzenberger gleich nach seinem Tod verräumt oder weggeschmissen, sie ständig vor sich zu haben, wäre zu schmerzlich gewesen. Und trotzdem vermisst er seinen Hund in alltäglichen Situationen noch immer. Im Auto hat er oft das Gefühl, dass Pecorino noch da ist und wie immer auf dem Rücksitz sitzt. Die gemeinsamen Rituale hinterließen spürbare Lücken im Alltag.

Toni Anzenberger begrub Pecorino in seinem Garten. Diese Entscheidung bereut er im Nachhinein. Die Anwesenheit der letzten Ruhestätte ist eine tägliche Belastung. Jedes Mal löst der Anblick wieder Trauer und Tränen aus und macht es noch schwerer, mit dem Verlust fertig zu werden. „Wenn ich ihn verbrennen hätte lassen und die Asche verstreut hätte, könnte ich wahrscheinlich schneller abschließen", sagt Anzenberger. Und auch die Natur macht ein Vergessen unmöglich. Auf dem Grab wuchsen eines Tages zwei Buschwindröschen. Genau diese Blumen hatte Pecorinos Enkel Bebop im gleichen Frühjahr bei einem Fotomotiv im Maul getragen.

Immer wieder wird der Fotograf gefragt, ob er nicht einen anderen Vierbeiner porträtieren möchte. Erst viele Monate nach Pecorinos Tod konnte er sich dazu durchringen, den Hund einer Freundin abzulichten. Das war für ihn ein Zeichen, dass seine Trauerbewältigung langsam Fortschritte macht. Eigentlich hätte er sich gewünscht, seine fotografische Erfolgsgeschichte mit Pecorinos Nachwuchs weiterführen zu können. Das Schicksal hat es aber nicht gut gemeint, und sämtliche Versuche, mit seinen Nachkommen als Fotomodellnachfolger zu arbeiten, wollten nicht und nicht klappen.

Nach wie vor betreut Toni Anzenberger auf Facebook die Seiten für die Pecorino-Fans, um die Erinnerung an ihn aufrecht zu erhalten. Der Anblick der Bilder löst in ihm keine Traurigkeit aus. Die Fotos sind für ihn Beruf und nicht privat. „Egal wie gut es ein Hund bei einem gehabt hat, wenn er nicht mehr da ist, hat man trotzdem das Gefühl nicht genug für ihn da gewesen zu sein", sagt Anzenberger. Die Trauerarbeit um den geliebten Freund wird wohl nie ganz aufhören.

Informationen zu Toni Anzenberger und seinem Hund Pecorino auf www.pecorino.at.

Buchtipp

Das letzte Buch „Pecorino und die Kunst des Pilgerns – Ein Hund geht den Franziskusweg" erschien 2011 und erzählt von einer Pilgerreise und von Pecorinos aufregendem Leben.

Texte von Claudio Honsal, Fotos von Toni Anzenberger, 17,90 Euro

„I trink auf dei Leben"

Rock'n'Roll und leise Trauer

Roman Gregory vermisst seine Mubu jeden Tag.

Frau Gregory wurde sie genannt. Oder First Lady. Jack Russel-Pinscher-Mischling Mubu begleitete ihr Herrl überall hin. Sie war bei jedem Konzert backstage und in der Garderobe dafür zuständig, auf den Getränkekühlschrank aufzupassen. Im Tourbus hatte sie ihren eigenen Sitzplatz. Und sie liebte die Konzertreisen, denn in den Hotelzimmern durfte sie im Bett schlafen, was zu Hause absolut verboten war.

Roman Gregory, Frontmann der Wiener Kultband „Alkbottle", hat Mubu 2004 von Freunden übernommen. Sie war eines dieser Weihnachtsgeschenke, das gehörig in die Hose gegangen war. Die Beziehung zwischen den beiden war sofort da, Mubu hat sich ihr zukünftiges Herrl sehr entschieden ausgesucht. Wenn Gregory auf Besuch war und wieder gehen wollte, saß sie demonstrativ auf seinen Schuhen. Als die Entscheidung fiel, dass Mubu abgegeben wird, nahm er sie bei sich auf. Er konnte nach dem Tod seines Vaters ohnehin einen Seelentröster gebrauchen.

Und er nahm seine neue Aufgabe ernst. Er beschäftigte sich intensiv mit der Hündin, las unzählige Bücher und investierte viel Zeit in ihre Erziehung und Sozialisierung. Er verzichtete auf Flugreisen, und die gesamte Band musste mit dem Bus fahren, damit Mubu mit von der Partie sein konnte. Sogar von seinem Motorrad trennte sich Roman Gregory.

„Mubu wurde ein Teil von mir", erzählt er. „Mein allzeitbereiter Liebesspender hatte die Intelligenz, meine Gesten und Worte zu deuten und imitierte meine Augen- und Kopfbewegungen." Meistens reichte ein kleines Räuspern, und sie wusste, was er wollte. Bald darauf begann auch sie, sich zu räuspern, wenn sie etwas von ihm wollte. Ansonsten bediente sie sich anderer

Künste. „Mit ihren Kulleraugen und Hypnose hat sie es überall geschafft, sich Sonderrechte einzuräumen." Beim ORF ist sie, trotz Hundeverbots, ein und aus gegangen. Und in Kantinen und Wirtshäusern hat sie sich so bei jedem Tisch Benefits erschnorrt.

„Der Tag, an dem mein Herz brach"

Im Sommer 2013 nahm die große Liebesgeschichte ein jähes Ende. Mubu wurde von einem Auto überfahren. Roman Gregory ist seither in einem emotionalen Ausnahmezustand: „Kein Tag ist seitdem vergangen, an dem ich nicht an sie gedacht hab. Kein Tag, an dem sie mir nicht abgeht, und ich ihr Knurren, ihr Bellen, ihr Winseln oder ihr Schütteln zu hören glaube. Kein Tag, an dem mir nicht in Gedanken an sie die Tränen in die Augen steigen." Mubus Spielzeug, ihr Futter und ihr Platzerl stehen immer noch da, und auch ihre weißen Haare findet man nach wie vor im Auto und auf Kleidungsstücken. Es sind die alltäglichen Kleinigkeiten wie die Türglockenverstärkung und liebgewonnenen Gewohnheiten wie das Verfüttern von Essensresten, bei denen ihr Fehlen so auffällt und es Roman Gregory einen Stich gibt.

Mubus kleiner Körper wurde im Krematorium verbrannt. Die Asche hat Gregory geviertelt. Drei Teile hat er an ihren Lieblingsplätzen verstreut. An ihrem Lieblingsstrand in Montenegro, wo sich die leidenschaftliche Schwimmerin immer so gerne in Fisch gewälzt hat, an der alten Donau und am Ursprung der Steyr. Aus dem vierten Teil der Asche wurden zwei Edelsteine erzeugt. Einen bekommt Gregorys sechsjährige Toch-

ter, den anderen trägt er immer als Ring bei sich. Was ihm darüberhinaus noch bleibt, ist die Gewissheit, dass Mubu es nirgendwo besser hätte haben können als bei ihm.

Roman Gregory mit seiner Tochter Elena und der Asche von Mubu

„Jeder Hund hat es verdient, ein freies Herz zu finden"

Das Lied „I trink auf dei Leben" aus dem Alkbottle-Album „Für immer" wird postum Mubu gewidmet. Bei aller Trauer ist sich Gregory sicher, dass er wieder einmal einen Hund haben wird. Für ihn ist das Dasein erst durch einen Hund komplett. Noch kann er sein Herz nicht für einen anderen Hund öffnen, dazu muss er erst über seinen Schmerz hinwegkommen. „Mein neuer Hund wird sich bei mir melden. Hunde suchen sich nämlich ihr Herrl selber aus", da ist sich Roman Gregory ganz sicher. Bis es soweit ist, fährt er wieder Motorrad.

Roman Gregory

Roman Gregory ist seit 1990 Frontmann und Sänger der Band „Alkbottle". Mit seinem urigen Schmäh zählt der charismatische Musiker längst als Wiener Original. Er lebt mit seiner Lebensgefährtin und seiner Tochter in Wien.

Web: www.alkbottle.at

Infos & Adressen

Die besten Adressen und Kontakte der
Wiener Hundewelt …

Züchter, Tierheim & Co.

Clever Dog Lab
Messerli Forschungsinstitut
Veterinärmedizinische Universität Wien
Veterinärplatz 1
1210 Wien
Web: www.cleverdoglab.at
Im Clever Dog Lab werden die emotionalen und kognitiven Fähigkeiten von Hunden getestet. Es werden keine Laborhunde gehalten, Hundehalter können sich für einen Test anmelden.

Eva Weizdörfer
„Von der Simmeringer Haide"
Kaniakgasse 5
1110 Wien
Tel.: 0664-1237000
Mail: info@groenendael.at
Web: www.groenendael.at
Seit 1992 züchtet Eva Weizdörfer die Rasse Groendael. Ihre Zuchtstätte „Von der Simmeringer Haide" hat das ÖKV-Gütesiegel.

IEMT - Institut für interdisziplinäre Erforschung der Mensch-Tier-Beziehung
Geschäftsführerin: Renate Simon
Margaretenstrasse 70
1050 Wien
Telefon: 01-5052625-30
Fax: 01-5059422
Mail: simon@iemt.at
Web: www.iemt.at
Das Institut für interdisziplinäre Erforschung der Mensch-Tier-Beziehung wurde 1977 als private wissenschaftliche Institution gegründet. Aufgabe des IEMT ist es, die Effekte der Mensch-Tier-Beziehung zu erforschen und ihre Umsetzung in die Praxis zu fördern.

Moonlight Black Bear Briard-Zucht FCI
Karin Milwisch
Grossreifling 63
8931 Landl
Tel.: 0664-5422 872
Mai: karin@briard.cc
Web: www.briard.cc
Moonlight Black Bear Briards – Europaweit erfolgreiche Briard-Liebhaberzucht im Herzen des Nationalparks Gesäuse.

ÖKV - Österreichischer Kynologenverband
Siegfried-Marcus-Straße 7
2362 Biedermannsdorf
Tel.: 02236-710667
Fax: 02236-710667-30
Mai: office@oekv.at
Web: www.oekv.at
Seit über 100 Jahren Ihr Partner in Hundefragen

TierQuarTier Wien - Tierschutzstiftung
Büro: Beatrixgasse 32, 1030 Wien
Anlage: Breitenleerstraße, 1220 Wien
Tel.: 01-71605800
Mail: info@tierquartier.at
Web: www.tierquartier.at
Das „TierQuarTier" wird im Jahr 2015 fertig gestellt und bietet Platz für über 150 herrenlose Hunde, knapp 300 Katzen und hunderte Kleintiere

Wiener Tierschutzhaus - Wiener Tierschutzverein
Triesterstraße 8
2331 Vösendorf
Tel.: 01-6992450-0
Tierrettung (24h Notdienst)
Tel.: 01-6992480
Mail: office@wr-tierschutzverein.org
Web: www.wr-tierschutzverein.org
Das Wiener Tierschutzhaus beherbergt tagtäglich an die 1.500 tierischen Schützlinge, vom Wildtier in Not bis zu Hund, Katze, Kleintier und ausgesetzten Exoten. Über das Jahr gerechnet erhalten hier circa 12.000 Tiere Asyl und Hilfe.

Futter & Philosophie

BackHund
Lisa Lintner
Liechtensteinstraße 68-70
1090 Wien
Tel.: 0676-7311700
Mai: wuff@backhund.at
Web: www.backhund.at
Liebevoll. Handgemacht. Einzigartig. Aus den besten Zutaten für den Hund – per Hand gebacken – Kekse, DoggyTorten, Lollys und hochwertiges Zubehör.

Edenfood
Hauptstraße 13a
D-82131 Gauting
Tel.: +49-89-28859490
Fax: +49-89-28859489
Mai: info@edenfood.de
Web: www.shop.edenfood.de
Facebook: www.facebook.com/edenfood.de
Edenfood ist Hunde- und Katzennahrung in BIO-LAND- Lebensmittelqualität, die durch Zutaten von regionalen Lieferanten, der nachhaltigen und ökologischen Produktion und der Konservierung im umweltfreundlichem Glas zum Umwelt- und Tierschutz beiträgt. Ein BIO-Nassfutter erster Güte!

Hundefeinkostladen
Sinawastingasse 2c
1210 Wien

Tel.: 01-3360222
Mai: office@hundefeinkostladen.at
Web: www.hundefeinkostladen.at
Hundefeinkostladen – nur das Beste für Ihren vierbeinigen Liebling.

LARUNDA Tierernährung mit Konzept
Bachstraße 32
3622 Elsarn am Jauerling
Tel.: 0650-6606502
Mai: larunda@ip-one.at
Web: www.larunda.eu
LARUNDA steht für ausgewogene Tierernährung in hoher Qualität. Das 1. rohe Alleinfutter für Hunde aus Nierderösterreich.

PETS BIO WORLD
Bio-Köstlichkeiten für 4-Beiner
Doris Weissengruber-Humer
Maderspergerstraße 16
4050 Traun
Tel.: 0664-411 78 2
Mai: dwh@pets-bio-world.at
Web: www.pets-bio-world.at
Doris Weissengruber-Humer produziert seit 2008 in ihrem Unternehmen PETS BIO WORLD eigenhändig Bio-Köstlichkeiten für Hunde und Katzen. Die Rohstoffe dafür stammen direkt vom Bio-Bauernhof. Ohne Konservierungsstoffe, Fette, künstliche Aromen, Farbstoffe, Antibiotika und Hormone.

Phillys Keksmanufaktur
Handgemachte Hundekekse
Tel. 0699-81502543
Mai: office@phillys.at
Web.: www.phillys.at
Gesunde Hundekekse mit Mehrwert: Bachblüten-Kekse für ausgeglichene Hunde, Spezialsorten für Allergiker, B.A.R.F-Kekse

Sitz & Platz

Adler Dogs
Hunde(halter)schule & Hundetraining
Zufahrt Höhe Himberger Straße 78
2320 Schwechat
Tel.: 0664-3454602
Mail: office@adler-dogs.at
Web: www.adler-dogs.at
Die Tierpsychologin Yvonne Adler ist eine akademisch geprüfte Kynologin und eine der ersten „Tierschutzqualifizierten Hundetrainerinnen" mit staatlichem Gütesiegel. Yvonne Adler ist auch gerichtliche zertifizierte Sachverständige für Hunde.

Happy Dogs Every Day
Mobiles Hundetraining und Verhaltensberatung
Sarah Bedenik
1120 Wien

Mobil: 0676-6037169
Mail: sarah.bedenik@gmx.at
Web: www.happy-dogs-every-day.at
Happy Dogs Every Day steht für eine gewaltfreie und durch positive Bestärkung geprägte Erziehung. Mobiles Training.

Hundeschule Hundefragen
Leopold Dekrout
Breitenleer Straße – genauer Anfahrtsweg auf der Homepage
1220 Wien
Tel.: 0676-7212210
Mail: office@hundefragen.at
Web: www.hundefragen.at
Die Hundeschule „Hundefragen" hat ein vielfältiges Angebot an Kursen. Die Philosophie: Man will den unterschiedlichen Bedürfnissen, Anforderungen und Erwartungen von Mensch und Hund gerecht werden, einander verstehen lernen.

Hundeschule Mannsberger
Petritschgasse 30
1210 Wien
Tel.: 0676-897246100
Mail: schulhund@schulhund.at
Web: www.hundeschule-mannsberger.at
Die Ausbildung erfolgt ausschließlich unter dem Motto der gewaltfreien Hundeerziehung. Unser Ziel: einander verstehen lernen u. konfliktfreies Miteinander zu fördern. Internationale Ausbildungen und Workshops: Ausbildung zum Hundepsychologen nach Thomas Riepe - erstmalig in Österreich.

Hundepsychologie
Joso Suknovic
Tel.: 0660-5201135
Mai: j.suknovic@gmx.net
Grund- und Welpenkurse sowie individuelle Therapie bei Verhaltensproblemen aller Art mit einem ausgebildeten Hundepsychologen.

Koordinierungsstelle Tierschutzqualifizierter Hundetrainer
Messerli Forschungsinstitut
Veterinärmedizinische Universität Wien
Kontakt: Karl Weissenbacher
Veterinärplatz 1
1210 Wien
Tel.: 01-25077-2699
Mail: karl.weissenbacher@vetmeduni.ac.at
Web: www.vetmeduni.ac.at/de/messerli/ueber-uns/koordinierungsstelle
Hundetrainer können die Prüfung zum „Tierschutzqualifizierten Hundetrainer" ablegen. Das Gütesiegel steht für gewaltfreie und artgerechte Erziehung.

Mantrailing Academy Austria
Karina Kalks
Tel. 0680-2322727
Fax. 01-34242317166

Mail: karina@mantrail.at
Web: www.mantrailen.at
Wir laufen ehrenamtlich Einsätze zur Suche vermisster Personen und bieten Trainings, Seminare sowie Prüfungen an.

Personal Dog Training
Sandra Dorfner-Rösel
Tel.: 0699-10033344
Mail: office@personaldogtraining.at
Web: www.personaldogtraining.at
Sandra Dorfner-Rösel bietet individuelles Einzeltraining an. Ihre Philosophie für Mensch und Hund: verstehen und verstanden werden.

PROFI-HUNDETRAINING mit HERZ
Cornelia Griehsler
Kiurinagasse 3/1
Tel.: 0650-3614104
Mail: office@hundetrainingmitherz.at
Web: www.hundetrainingmitherz.at
Individuell, gewaltfrei, mobil, passend für JEDES HUND-MENSCH-TEAM

Gassi & Co. / Reise & Verkehr

DoggyDayz
eine Marke der Reise- und Werbeagentur TRAVELDAYZ e.U
Neubaugasse 88/Top 3
1070 Wien
Tel.: 01-890 27 17
Fax: 01-890271715
Mail: office@traveldayz.at
Web: www.doggydayz.at
Der Spezialist für Urlaubsreisen mit Hund

JEDERHUND - Hundebetreuung
Argentinierstaße 7
1040 Wien
Tel.: 0660-4646157
Mail: willkommen@jederhund.at
Web: www.jederhund.at
JEDERHUND - Die Hundebetreuung in Wien mit Hundetagesstätte; Tages- und Halbtagesbetreuungen, Übernachtungen, Urlaubsbetreuungen

Mehr Platz für Hunde
Verein Tierliebe
Guglgasse 7-9
1030 Wien
Web: www.platzfuerhunde.at
Der Verein Tierliebe setzt sich für mehr Flächen für Hunde ohne Leinen- und Maulkorbzwang ein. Auf der Webseite kann jeder seine Unterstützungserklärung abgeben. Jede Stimme wird in 1m² neue

Hundeauslaufzone umgewandelt. Außerdem können Hundeliebhaber neue Hundeauslaufzonen vorschlagen und beantragen. Die am meisten unterstützten Projekte werden anschließend realisiert.

Stadtführungen
„Wien - Auf den Hund gekommen"
Ariane Tueni
Tel.: 0664-2638388 oder 01-4312764877
Mail: ariane.tueni@chello.at
Mozart und Sisi - wer mehr über ihre Liebe zu Hunden erfahren will, der ist bei Ariane Tueni richtig. Die Fremdenführerin erzählt bei ihrer Führung viele illustre Geschichten über das alte Wien.

Stadtführungen „Kommissar Rex-Tour"
Gabriele Buchas
Tel.: 0664-1732605
Web: www.wiensehen.at
Fremdenführerin Gabriele Buchas zeigt bei ihrer „Kommissar Rex"-Führung die bekanntesten Tatorte des beliebten Fernsehstars.

Hundezonen Wien

1. Bezirk
Hundezone Franz-Josefs-Kai 39
Hundezone Heldenplatz
Hundezone Stadtpark, Wienflusspromenade

2. Bezirk
Hundezone Augarten, Schloßplatz
Hundezone Augarten, gegenüber Wasnergasse 3
Hundezone Parkanlage Engertstraße
Hundezone Manes-Sperber-Park
Hundezone Max-Winter-Park
Hundezone Mexikoplatz/Rosenpark
Hundezone Parkanlage Offenbachgasse
Hundezone Prater - Laufbergerwiese
Hundezone Prater - Pelzmais
Hundezone Prater - Rustenschacher
Hundezone Prater - Wehlistraße-Ostbahn (in der ehemaligen 21er-Schleife)
Hundezone Rudolf-Bednar-Park
Hundezone Venediger-Au-Park
Hundezone Wilhelm-Kienzl-Park

3. Bezirk
Hundezone Arenbergpark
Hundezone Parkanlage Baumgasse
Hundezone Bock-Park
Hundezone Donaukanal/Weißgerberlände, Höhe Hundertwasserhaus/Rotundenbrücke
Hundezone Kardinal-Nagl-Park
Hundezone Grünanlage Linke Bahngasse
Hundezone Schweizergarten (Arsenalstraße/Ghegastraße)
Hundezone Schweizergarten (Landstraßer Gürtel/Schweizergartenstraße)
Hundezone Waisenhauspark, (Hinter Landstraßer Hauptstraße 148)

4. Bezirk

Hundezone Resslpark
Hundezone Rubenspark

5. Bezirk

Hundezone Bacherpark
Hundezone Einsiedlerpark
Hundezone Ernst-Arnold-Park
Hundezone Ernst-Lichtblau-Park
Hundezone Parkanlage Hundsturm
Hundezone Klieberpark
Hundezone Parkanlage Leopold-Rister-Gasse
Hundezone Parkanlage Margaretengürtel
Hundezone Rudolf-Sallinger-Park

6. Bezirk

Hundezone Alfred-Grünwald-Park
Hundezone Esterházypark
Hundezone Gumpendorfer Gürtel 2
Hundezone Stumpergasse

7. Bezirk

Hundezone gegenüber Lerchenfelder Gürtel 30-32
Hundezone Weghuberpark

8. Bezirk

Hundezone Hamerlingpark
Hundezone gegenüber Hernalser Gürtel 2
Hundezone Schönbornpark (entlang der Lange-
gasse)

9. Bezirk

Hundezone Arne-Carlsson-Park - Spitalgasse/Währin-
ger Straße
Hundezone Lichtentalerpark - Marktgasse/Lich-
tenthalergasse
Hundezone Roßauer Lände/Treppelweg Gegenüber
Roßauer Lände 39

10. Bezirk

Hundezone Alfred-Böhm-Park
Hundezone Antonspark
Hundezone Arthaberpark
Hundezone Erholungsgebiet Wienerberg-Ost
Hundezone Erholungsgebiet Wienerberg-West
Hundezone Fortunapark
Hundezone Hebbelpark
Hundezone Parkanlage Heuberggstätten
Hundezone Humboldtpark
Hundezone Parkanlage Keplerplatz
Hundezone Laubepark
Hundezone Parkanlage Löwygrube (Bitterlichstraße)
Hundezone Martin-Luther-King-Park
Hundezone Parkanlage Paltramplatz
Hundezone Puchsbaumpark
Hundezone Volkspark-Laaerberg
Hundezone Waldmüllerpark
Hundezone Parkanlage Wielandplatz
Hundezone Parkanlage Wieselburgergasse

11. Bezirk

Hundezone Am Kanal (Geiselbergstraße bis Zehet-
bauergasse)
Hundezone Am Kanal, beim Herderpark
Hundezone Am Kanal/Weißenböckstraße
Hundezone Parkanlage Blériotgasse
Hundezone Braunhuberpark
Hundezone Flammweg (Murhoferweg/Flammweg)
Hundezone Parkanlage Haugerstraße
Hundezone Hyblerpark
Hundezone Parkanlage Lautenschlägergasse
Hundezone Leberberg/Leberweg
Hundezone Luise-Montag-Park (Lorystraße/Am Ka-
nal)
Hundezone Parkanlage Paulasgasse
Hundezone Schloß Neugebäude Unterer Garten

12. Bezirk

Hundezone Parkanlage Breitenfurter Straße (bei
Grundig)
Hundezone Edelsinnstraße (Philadelphiabrücke bis
Wienerbergbrücke)
Hundezone Parkanlage Fasangartengasse bei Steg
Hundezone Parkanlage Harthausergasse
Hundezone Parkanlage Lichtensterngasse
Hundezone Miep-Gies-Park
Hundezone Parkanlage Mittelzone/Eichenstraße
Hundezone Parkanlage Schwenkgasse
Hundezone Steinbauerpark
Hundezone Parkanlage Steinweisweg
Hundezone Theresienbadpark
Hundezone Unter-Meidlinger Straße (vorm Meidlin-
ger Friedhof)
Hundezone Parkanlage Vierthalergasse

13. Bezirk

Hundezone Napoleonwald
Hundezone Parkanlage Roter Berg

14. Bezirk

Hundezone Cossmanngasse
Hundezone Ferdinand-Wolf-Park
Hundezone Gustav-Klimt-Park
Hundezone Hadikpark
Hundezone Matzner-Park
Hundezone Ordeltpark
Hundezone Spitalwiese
Hundezone Steinhoferpark

15. Bezirk

Hundezone Auer-Welsbach-Park (Eingang linke Wi-
enzeile Ecke Schloßallee)
Hundezone Dadlerpark
Hundezone Forschneritschpark
Hundezone Parkanlage Kranzgasse
Hundezone Reithofferpark
Hundezone Rohrauerpark
Hundezone Vogelweidpark
Hundezone Parkanlage Winckelmannstraße

16. Bezirk
Hundezone Kongreßpark
Hundezone Richard-Wagner-Park

17. Bezirk
Hundezone Alszeile (gegenüber Sportclubplatz)
Hundezone Lidlpark
Hundezone Lorenz-Bayer-Park
Hundezone Schwarzenbergpark Tiefauwiese

18. Bezirk
Hundezone Schubertpark
Hundezone Türkenschanzpark (Gregor-Mendel-Straße)
Hundezone Türkenschanzpark (Hasenauerstraße)
Hundezone Währinger Park (Mollgasse)

19. Bezirk
Hundezone Heiligenstädterpark - Hohe Warte
Hundezone Hugo-Wolf-Park (Hartäckerstraße)
Hundezone Olympiapark
Hundezone Saarpark
Hundezone Wertheimsteinpark

20. Bezirk
Hundezone Allerheiligenpark
Hundezone Parkanlage Durchlaufstraße
Hundezone Forsthauspark
Hundezone Parkanlage Friedrich-Engels-Platz
Hundezone Hugo-Gottschlich-Park
Hundezone Mortarapark
Hundezone Schmetterlingspark

21. Bezirk
Hundezone Parkanlage Angeliwiese - Bademöglichkeit für Hunde
Hundezone Denglerpark
Hundezone Floridsdorfer Aupark
Hundezone zwischen Floridsdorfer Brücke und Nordbrücke
Hundezone Parkanlage Gitlbauergasse
Hundezone Parkanlage Illgasse
Hundezone Obere Alte Donau, Uferpark Mühlschüttel (Fultonstraße)
Hundezone Parkanlage Pfendlergasse
Hundezone Parkanlage Schlossergasse
Hundezone Theresa-Tauscher-Park
Hundezone Parkanlage Thomagasse - Ökopark
Hundezone Parkanlage Überfuhrstraße

22. Bezirk
Hundezone Am Kaisermühlendamm - zwischen Moissigasse und Mendelssohngasse
Hundezone Parkanlage Asperner Wies'n
Hundezone Grünanlage Aspernstraße
Hundezone Parkanlage Dolfi-Gruber-Weg/Bernoullistraße
Hundezone Donaustadtstraße 26
Hundezone Grünanlage Eipeldauer Straße
Hundezone Ingeborg-Bachmann-Park
Hundezone Mühlgrund
Hundezone Otto-Affenzeller-Park, Erzherzog-Karl-Straße/gegenüber Polgarstraße 22

Hundezone Parkanlage Rehlacke
Hundezone Reinholdgasse gegenüber Reinholdgasse 25
Hundezone Parkanlage Schrickgasse
Hundezone Teich Hirschstetten (südlicher Teil)
Hundezone gegenüber Lieblgasse 1/Wagramer Straße
Hundezone Am Linken Damm der Neuen Donau zwischen Praterbrücke und Ostbahnbrücke
Hundezone Thonetgasse

23. Bezirk
Hundezone Altmannsdorfer Straße (vor ONr. 168-170)
Hundezone Altmannsdorfer Straße (vor ONr. 178-182)
Hundezone Draschegründe
Hundezone Draschegründe/Traviatagasse
Hundezone Draschepark
Hundezone Parkanlage Endemanngasse
Hundezone Fridtjof-Nansen-Park
Hundezone Parkanlage Gaulgasse
Hundezone Herbert-Mayr-Park gegenüber von Häckelstraße 23
Hundezone Kellerberg
Hundezone Grünanlage Liesinger Platz
Hundezone Michael-Bauspack-Park (Erlaaer Platz)
Hundezone Ölzeltpark (Geßlgasse)
Hundezone PaN-Park
Hundezone Parkanlage Pölleritzergasse
Hundezone Parkanlage Riegermühle (Reiserin)
Hundezone Parkanlage Theophil-Hansen-Gasse
Hundezone Parkanlage Siedlung Wienerflur
Hundezone Parkanlage Wilhelm-Erben-Gasse
Hundezone Wohnparkstraße

Gesetz & Ordnung / Politik & Soziales

Adler Dogs
Hunde(halter)schule & Hundetraining
Zufahrt Höhe Himberger Straße 78
2320 Schwechat
Tel.: 0664-3454602
Mail: office@adler-dogs.at
Web: www.adler-dogs.at
Die Tierpsychologin Yvonne Adler ist eine akademisch geprüfte Kynologin und eine der ersten „Tierschutzqualifizierten Hundetrainerinnen" mit staatlichem Gütesiegel. Yvonne Adler ist auch gerichtliche zertifizierte Sachverständige für Hunde.

Dr. Reinhard Schäfer
Rechtsanwalt und Verteidiger in Strafsachen
Hauptstraße 37
1140 Wien
Tel.: 01-5325325
Mail: ra-schaefer@netway.at
Web: www.ra-schaefer.at
Rechtsanwalt mit Spezialisierung auf Tierrecht

Mag. Sebastian Klackl

Rechtsanwalt
Marktplatz 15
2380 Perchtoldsdorf
Tel.: 01-8900061
Mail: kanzlei@ra-klackl.at
Web: www.ra-klackl.at
Rechtsanwalt mit Spezialisierung auf Tierrecht

Tierschutzombudsstelle Wien

Leitung: Mag. Hermann Gsandtner
Muthgasse 62
1190 Wien
Tel.: 01-3180076-75079
Mail: post@tow-wien.at
Web: www.tieranwalt.at
Hundehalter können sich bei rechtlichen Fragen, Anliegen zu Hundezonen und Auslaufplätzen oder Unklarheiten bei der Leinen- und Maulkorbpflicht an die Ombudsstelle wenden oder Fälle von Tierquälerei melden. Auch Fragen zur artgerechten Unterbringung, Haltung und Pflege der Tiere und zum freiwilligen Hundeführschein werden hier beantwortet.

Verein Tiere als Therapie - TAT

Veterinärmedizinische Universität Wien
1210 Wien, Veterinärplatz 1
Gebäude AE, Parterre
Telefon: 01-250 77-3340
Fax: 01-250 77-3391
Mail: tat@vetmeduni.ac.at
Web: www.tierealstherapie.org
Verein zur Erforschung und Förderung der therapeutischen Wirkung der Mensch-Tier-Beziehung

Veterinäramt Wien – MA 60

Karl-Farkas-Gasse 16
1030 Wien
Tierschutz-Helpline 01-4000-8060
Mail: post@ma60.wien.gv.at
Web: www.tiere.wien.at
Informationen zu Ein- und Ausreisebestimmungen, gesetzlichen Bestimmungen, Hundesteuer, Hundezonen, Maulkorb- und Leinenpflicht und zum verpflichtenden bzw. freiwilligen Hundeführschein. Meldestelle für verschwundene oder zugelaufene Tiere und Ansprechpartner bei Anzeigen von Tierquälerei.

Wiener Hundekompetenzzentrum

Petritschgasse 30
1210 Wien
Tel.: 0676-897246100
Fax: 01-2642023
Mai: schulhund@schulhund.at
Web: www.schulhund.at
Sie haben Interesse an Aufklärung, Ausbildung, Weiterbildung und sozialen Projekten, dann sind Sie hier richtig!

Gesundheit & Wellness

ani-well – Tiermassage und Bewegungslehre

Petra Posch-Zottl
Herzblumenweg 2/Haus 24
1220 Wien
Tel.: 0664-411 57 16
Mai: tiermasseur-petra@ani-well.at
Web: www.ani-well.at
Massage & Bewegungslehre für Hunde – in Zusammenarbeit mit den Tierärzten

Die Johanniter

Johanniter-Center Nord
Ignaz-Köck-Straße 22
1210 Wien
Tel.: 01-4707030
Mail: erstehilfe.wien@johanniter.at
Die Johanniter bieten regelmäßig Erste-Hilfe-Kurse für Hundehalter an.

DOG'S NUMBER ONE - Hundepflege

2481 Achau
Tel.: 0664-2117404
Mail: info@dogsnumberone.at
Web: www.dogsnumberone.at
Hund um schön – mobile Hundepflege in den Bezirken Baden, Mödling und Schwechat. Flexibel. Professionell. Hygienisch.

Dr. Andrea Triebl - Tierarzt und Tierbedarf

Kutschkergasse 30
1180 Wien
Tel.: 01-9682800
Mail: office@luxury4pets.at
Web: www.tierarzt-triebl.at
Tierarztpraxis für Schul- und Komplementärmedizin

Hundesalon Döbling

Mag. Lisa Julia Schmid
Gatterburggasse 25 / Ecke Döblinger Hauptstrasse
1190 Wien
Tel.: 0650-3003522
Mail: lisa.schmid@chello.at
Web: www.hundesalon-döbling.at
Die liebevolle und praktische Fellpflege für Hunde, Katzen und Pferde im Herzen Döblings.

Hundesalon Margit Schönauer

Gersthofer Straße 119
1180 Wien
Tel.: 01-4086086
Mail: info@hundesalon-wien.at
Web: www.hundesalon-wien.at
Web: www.ausbildung-zum-hundefriseur.at

HUNDEPFLEGE mit HERZ
Cornelia Griehsler
Mobiler Hundefrisör
Tel.: 0650-3614104
Mail: office@hundefrisoer-mobil.at
Web: www.hundefrisoer-mobil.at
Fellpflege mit Herz und Verstand!

Mag. Tanja Zwettler
Lavaterstraße 9/7
1220 Wien
Tel.: 0676-3116428
Web: www.tierarzt-messinger.com
Besonderheit: Papimi, Craniosacral Therapie nach Upledger

Margot Fischer
Sanfte Methoden zur Tiergesundheit
Tel.: 0650-9258339
Mail: pfote@margot-fischer.at
Web: www.margot-fischer.at und www.sunriseschule.at
Die Tierkommunikatorin und Tiertherapeutin möchte mit ihrer Arbeit die Selbstheilungskräfte des Tieres aktivieren, den energetischen Zustand und den Gesamtzustand verbessern. Margot Fischer hält auch Vorträge zum Thema „Sanfte Methoden zur Tiergesundheit".

Rote Pfote – Krebsforschung für das Tier
Veterinärmedizinische Universität Wien
Messerli Forschungsinstitut
Abteilung Komparative Medizin
Veterinärplatz 1
1210 Wien
Mail: office@rotepfote.at
Web: www.rote-pfote.at
Der Verein Rote Pfote – Krebsforschung für das Tier entstammt einer Kooperation der Medizinischen Universität Wien und der Veterinärmedizinischen Universität Wien. Der Zweck dieser Zusammenarbeit: Austausch, gemeinsame Erforschung und Entwicklung moderner Krebstherapien, die das Leben von Tier und Mensch mit Krebs verbessern.

Seelenflüstern
Redtenbachergasse 54
1160 Wien
Tel.: 0664-73824731
Fax: 01-80480533601
Mail: info@seelenfluestern.net
Web: www.seelenfluestern.net
Mittels Tierkommunikation und Energiearbeit helfen wir Mensch und Tier zu einem harmonischen Miteinander zu finden.

The Dog Care Company
Alexander Hysek
Hernalser Hauptstraße 193A
1170 Wien
Tel.: 0699-11090969

Web: www.thedogcarecompany.at
The Dog Care Company ist ein Hundesalon, der für professionelle Pflege und artgerechtes Styling steht. Das Wohlbefinden des Hundes ist Alexander Hysek sehr wichtig. Der Salonbesitzer ist auch immer wieder karitativ unterwegs.

Tierarzt Dr. Martin Werther
Tierambulatorium
Burggasse 91
1070 Wien
Tel.: 01-5234122
Mail: werther@tabg.at
Web: www.tabg.at
Der Tierart Martin Werther hat in seinem Tierambulatorium nicht nur ein umfassendes Angebot an medizinischen Leistungen, er bietet auch Akupunktur für Hunde an.

Tierarzt Mag. Matthias C. Schweda
Veterinärmedizinische Universität Wien
Klinische Abteilung für Kleintierchirurgie, Augen- und Zahnheilkunde
Veterinärplatz 1
1210 Wien
Tel.: 01-250775555
Web: www.vetmeduni.ac.at
Matthias C. Schweda ist Tierarzt an der Veterinärmedizinischen Universität Wien. Er engagiert sich für die Aktion „Gesunde Hundezähne".

Tierärztin Dr. Eva Wistrela-Lacek
Rainergasse 16
1040 Wien
Tel.: 01-5873854 oder 0676-5224069 (Notfall)
Mail: eva.wistrela@chello.at
Web: www.wistrela-lacek.com
Die Tierärztin bietet nicht nur umfassende medizinische Leistungen an, sondern auch Erste-Hilfe-Kurse für Hundehalter.

Tierärztin Dr.med.vet. Michaela Ludwig
Heiligenstädterstraße 84
1190 Wien
Tel.: 01-3704353
Mail: ordi@tieraerztin-ludwig.at
Web: www.tieraerztin-ludwig.at
Allgemein-u Alternativmedizin, Röntgen, Labor, Zahnbehandlung, Homöopathie, Ord: Mo, Di, Do, Fr, Sa 10:00-11:30, Mo, Di, Fr 17:00-19:00, Mi 17:00-20:00

Tierarztpraxis herzberg
Mag. Michaela Messinger
Lavaterstrasse 9/7
1220 Wien
Tel.: 01-2802896
Mail: ta-herzberg@speed.at
Web: www.tierarzt-messinger.com
Besonderheiten: Ernährungsberatung, Chirurgie

TIERNOTARZT für Wien und Umgebung

24 Stunden am Tag
7 Tage die Woche
Tel.: 0699-12223336
Mail: tiernotarzt@gmx.at
Web: www.tiernotarzt.at
Sie haben einen Notfall? Wir sind für Sie da und kommen zu Ihnen – in Wien und der nahen Umgebung.

TIERplus Brunn am Gebirge

Tierärztliche Ordination Mag. Ursula Petrik & Team
SC17, Hubatschstraße 3
2345 Brunn am Gebirge
Tel.: 02236-320073
Fax: 02236-320073-800
Mail: brunn-gebirge@tierplus.at
Web: www.tierplus.at
TIERplus kümmert sich mit geballter Kompetenz und viel Herz um Ihre tierischen Sorgen, egal ob Hund, Katze, Kaninchen, Meerschweinchen, Hamster, Maus, Nager, Reptil oder Vogel & Co. TIERplus ist ausgestattet mit modernster Medizintechnik und bietet ein großzügiges Ambiente in kundenfreundlicher Atmosphäre für Tier und Mensch.

TIERplus Wien-Stadlau

Tierärztliche Ordination Dr. Irene Pucher-Bühl & Team
Zwerchäckerweg 4-26
1220 Wien
Tel.: 01-8901271
Fax: 01-8901271-800
Mail: wien-stadlau@tierplus.at
Web: www.tierplus.at
TIERplus kümmert sich mit geballter Kompetenz und viel Herz um Ihre tierischen Sorgen, egal ob Hund, Katze, Kaninchen, Meerschweinchen, Hamster, Maus, Nager, Reptil oder Vogel & Co. TIERplus ist ausgestattet mit modernster Medizintechnik und bietet ein großzügiges Ambiente in kundenfreundlicher Atmosphäre für Tier und Mensch.

Veterinärmedizinische Universität Wien

Veterinärplatz 1
1210 Wien
Tel.: 01-250770
Web: www.vetmeduni.ac.at
Die Veterinärmedizinische Universität Wien ist die einzige universitäre veterinärmedizinische Bildungs- und Forschungsstätte Österreichs.

Shopping & Lifestyle / Leben & Arbeit

Admiral Kino

Burggasse 119
1070 Wien
Tel.: 01-5233759
Mail: office@admiralkino.at
Web: www.admiralkino.at/doggy-day
Jeden ersten Donnerstag im Monat dürfen im Admiral-Kino auch Hunde die Vorstellung besuchen. Für die vierbeinigen Kinobesucher gibt es kostenlos Snacks zum Knabbern, frisches Wasser und gemütliche Kuscheldecken zum Ausborgen.

Bettina Greslehner

Friedlgasse 63
1190 Wien
Tel.: 0676-4422444
Mail: office@bettinagreslehner.at
Web: www.bettinagreslehner.at
Die Berufsfotografin Bettina Greslehner ist spezialisiert auf Portraitfotografie, Reportagen, Reisen, Natur-Installationen, aber auch Tiere sind einer ihrer Schwerpunkte.

BUNTER HUND WIEN

Neustiftgasse 42
1070 Wien
Tel.: 01-5240656

BUNTER HUND PERCHTOLDSDORF

Hochstraße 13
2380 Perchtoldsdorf
Tel.: 01-8651439

Mail: office@bunterhund.at
Web: www.bunterhund.at
Bunter Hund - Produkte aus aller Herrchen Länder, funktionell und für die natürlichen Bedürfnisse der Hunde. Denn hier sind Hunde König.

DOG'S NUMBER ONE - Hundeaccessoires

2481 Achau
Tel.: 0664-2117404
Mail: info@dogsnumberone.at
Web: www.dogsnumberone.at
Hund um schick – Hundeaccessoires. Exklusiv: Handgemacht. Limitiert. Hundehalstücher, Decken, Stoffblüten, uvm.

Fressnapf Filiale Brünner Straße

Brünner Straße 330
1210 Wien
Tel.: 01-2903101
Fax: 01-29031014
Mail: office@at.fressnapf.eu
Web: www.fressnapf.at

Fressnapf Filiale Sandleitengasse
Sandleitengasse 34-36
1160 Wien
Tel.: 01-4930909
Fax: 01-49309094
Mail: office@at.fressnapf.eu
Web: www.fressnapf.at

Fressnapf Filiale Mariahilferstraße
Mariahilferstraße 167
1150 Wien
Tel.: 01-8930225
Fax: 01-89302254
Mail: office@at.fressnapf.eu
Web: www.fressnapf.at

Fressnapf Filiale Neubaugasse
Neubaugasse 64-66
1070 Wien
Tel.: 01-5224077
Fax: 01-52240774
Mail: office@at.fressnapf.eu
Web: www.fressnapf.at

Fressnapf Filiale Wallensteinstraße
Wallensteinstraße 10
1200 Wien
Tel.: 01-3336372
Fax: 01-33363724
Mail: office@at.fressnapf.eu
Web: www.fressnapf.at

Fressnapf Filiale Franzosengraben
Franzosengraben 13
1030 Wien
Tel.: 01-7963098
Fax: 01-79630984
Mail: office@at.fressnapf.eu
Web: www.fressnapf.at

Fressnapf Filiale Preysinggasse
Preysinggasse 29
1150 Wien
Tel.: 01-7892770
Fax: 01-78927704
Mail: office@at.fressnapf.eu
Web: www.fressnapf.at

Fressnapf Filiale Heiligenstädter Straße
Heiligenstädter Straße 113
1190 Wien
Tel.: 01-3670521
Fax: 01-36705214
Mail: office@at.fressnapf.eu
Web: www.fressnapf.at

Fressnapf Filiale Bergmillergasse
Bergmillergasse 5
1140 Wien
Tel.: 01-9121008
Fax: 01-91210084
Mail: office@at.fressnapf.eu
Web: www.fressnapf.at

Fressnapf Filiale Hernalser Hauptstraße
Hernalser Hauptstraße 156
1170 Wien
Tel.: 01-4802191
Fax: 01-48021914
Mail: office@at.fressnapf.eu
Web: www.fressnapf.at

Fressnapf Filiale Gadnergasse
Gadnergasse 2-4
1110 Wien
Tel.: 01-7431092
Fax: 01-74310924
Mail: office@at.fressnapf.eu
Web: www.fressnapf.at

Fressnapf Filiale Hammerschmied-Straße
Hammerschmied-Straße 6b
2100 Leobendorf
Tel.: 02262-68612
Fax: 02262-686124
Mail: office@at.fressnapf.eu
Web: www.fressnapf.at

Fressnapf Filiale Gussriegelstraße
Gussriegelstraße 22
1100 Wien
Tel.: 01-6041161
Fax: 01-60411614
Mail: office@at.fressnapf.eu
Web: www.fressnapf.at

Fressnapf Filiale Biedermanngasse
Biedermanngasse 33
1120 Wien
Tel.: 01-8022068
Fax: 01-80220684
Mail: office@at.fressnapf.eu
Web: www.fressnapf.at

Fressnapf Filiale Baudisgasse /Awaren-straße
Baudisgasse 6/Awarenstraße 5
1110 Wien
Tel.: 01-7682131
Fax: 01-76821314
Mail: office@at.fressnapf.eu
Web: www.fressnapf.at

Fressnapf Filiale Stromstraße
Stromstraße 5-9
1200 Wien
Tel.: 01-3344527
Fax: 01-33445274
Mail: office@at.fressnapf.eu
Web: www.fressnapf.at

Fressnapf Filiale Albert-Schweitzer-Gasse
Albert-Schweitzer-Gasse 7
1140 Wien
Tel.: 01-9794022
Fax: 01-97940224

Mail: office@at.fressnapf.eu
Web: www.fressnapf.at

Fressnapf Filiale Seyringer Straße
Seyringer Straße 8
1210 Wien
Tel.: 01-2595697
Fax: 01-25956974
Mail: office@at.fressnapf.eu
Web: www.fressnapf.at

Fressnapf Filiale Gewerbeparkstraße
Gewerbeparkstraße 12 / Lokal D1
1220 Wien
Tel.: 01-7342493
Fax: 01-73424934
Mail: office@at.fressnapf.eu
Web: www.fressnapf.at

Fressnapf Filiale Hubatschstraße
Hubatschstraße 3
2345 Brunn am Gebirge
Tel.: 02236-31708
Fax: 02236-317084
Mail: office@at.fressnapf.eu
Web: www.fressnapf.at

Fressnapf Filiale Leopoldauerstraße
Leopoldauerstraße 47
1210 Wien
Tel.: 01-2716594
Fax: 01-2716594-4
Mail: office@at.fressnapf.eu
Web: www.fressnapf.at

Fressnapf Filiale Zwerchäckerweg
Zwerchäckerweg 4, Objekt B
1220 Wien
Tel.: 01-7344782-40
Fax: 01-7344782-21
Mail: office@at.fressnapf.eu
Web: www.fressnapf.at

Fressnapf Filiale Breitenfurter Straße
Breitenfurter Str. 261
1230 Wien
Tel.: 01-8021439
Fax: 01-80214394
Mail: office@at.fressnapf.eu
Web: www.fressnapf.at

Haustierhelden
Maurer Lange Gasse 64
1230 Wien
Tel.: 0699-17775377
Mail: office@haustierhelden.com
Web: www.haustierhelden.com
Die coole Boutique für Hunde und Katzen im Süden Wiens. Edles Zubehör, gesunde Snacks und Futter, persönliche Beratung!

Haustiermesse Wien
29. und 30. November 2014
Messegelände Wien, Halle A
Messeplatz 1
1020 Wien
Web: www.haustiermesse.info
Österreichs größte Messe rund um Hund, Katz & Co.

Luxury4pets
Dr. Andrea Triebl Tierarzt und Tierbedarf
Kutschkergasse 30
1180 Wien
Tel: 01-9682800
Mail: office@luxury4pets.at
Web: www.luxury4pets.at
Alles für Hund und Katze, individuelle Hundebekleidung nach Maß

Paulis Hundeausstatter
Sylvia Leinwather
Gymnasiumstraße 64
1190 Wien
Tel.: 0699-10045955
Mail: office@paulis-shop.at
Web: www.paulis-hundeausstatter.at
Das Paulis ist ein Geschäft, in dem wir nicht nur unseren Hundefans die Möglichkeit bieten, *Individualität in ihr Heim zu bringen, sondern auch schöne Accessoires anzubieten. Halsbänder, Leinen und Halstücher „Paulis made in Vienna!" produziert in der hauseigenen Schneiderei. Unsere Produkte sind von kleinen Manufakturen und Künstlern meist in Handarbeit hergestellt. Ob kuscheliges Bettchen oder Futternapf – bei uns zählt höchste Qualität.*

PetExpo
13. bis 15. Juni 2014
10. bis 12. April 2015
Wiener Stadthalle, Halle D
Roland Rainer-Platz 1
1150 Wien
Web: www.petexpo.at
Die europaweit erste Haustiermesse ohne Tiere als Ausstellungsstücke

petiture - your pet's pleasure
Das Tiersofa mit Stil
Tel.: 0650-5520320
Mail: office@petiture.com
Web: www.petiture.com
Das Tiersofa in elegantem Design. Hochwertig gewähltes Material, Qualität in der Verarbeitung zu fairen Produktionsbedingungen.

PROUD DOG
by Seraphine Niesen
Bellariastraße 10
1010 Wien
Tel.: +43 (0)1 5221 373
Mobil: +43 (0)664 1 24 46 24
Fax: +43 (0)1 5221 456
Mai: info@prouddog.net
Web: www.prouddog.net
*Exklusiver Hundeshop mit & im Herzen Wiens bietet
eine breite Auswahl an hochwertigen Produkten in
allen Größen & I love VIENNA*

Summerstage
Roßauer Lände 17
Donaukanal, Höhe U4 Station Roßauer Lände
1090 Wien
Tel.: 01-31966440
Mail: office@summerstage.at
Web: www.summerstage.at
*Hundefreundliches Lokal mit Hundebar und Spazier-
möglichkeit am Donaukanal*

Susi's Katz und Hund Tierbedarf
Susanne Sarwaryn
Lange Gasse 11
1080 Wien
Tel.: 0660-1574404
Mail: susi.kundh@a1.net
Web: www.katzundhund.net
*Bei Katz&Hund finden Sie Futter sowie div. Zubehör
für Ihren Liebling. Lieferservice in den Bezirken 1, 6,
7, 8 & 9. Wir freuen uns auf Ihren Besuch!*

wuff & weg!
Hier kommt Ihr Urlaub auf den Hund
Doris Grüneberg
Mörfelder Landstr. 62
D-60598 Frankfurt am Main
Web: www.wuffundweg.de
... wuff & weg! Bald auch in Köln!

ZOOlogisch Shop
Ihr Tierfachgeschäft in Hütteldorf
Linzer Straße 400
1140 Wien
Tel./Fax: 01-9113568
Mai: office@zoologisch.at
Web: www.zoologisch.at
*Geprüftes Zoofachgeschäft mit individueller Be-
ratung und einem breiten Sortiment an hochwer-
tigem Futter und Zubehör.*

Gott & die Hundewelt /
Trauer & Tod

Tierfriedhof Wien GmbH
Anton-Mayer-Gasse 5
1110 Wien
Tel.: 01-5234679 (0 bis 24 Uhr)
Mail: office@tfwien.at
Web: www.tfwien.at
*Wir sind rund um die Uhr für Sie da und bieten viele
Möglichkeiten für eine würdevolle Verabschiedung
Ihres verstorbenen Lieblings.*

Wiener Tierkrematorium GmbH
Alberner Hafenzufahrtsstraße 8 (Eingang Marge-
tinstraße)
1110 Wien
Tel.: 01-5234679 (0 bis 24 Uhr)
Fax: 01-5261705
Mail: office@wtk.at
Web: www.wtk.at
*Seit 1992 bietet die Wiener Tierkrematorium GmbH
trauernden Tierfreunden eine würdevolle Alternati-
ve zur herkömmlichen Tierkörperbeseitigung.*

TIERTRAUER Katharina Messinger
Hofherr-Schrantz-Gasse 4
1210 Wien
Tel.: 0650-7220220
Mail: office@tiertrauer-messinger.at
Web: www.tiertrauer-messinger.at
*Wir begleiten Sie und Ihr geliebtes Tier auf seinem
letzten Weg – Wir gehen ihn gemeinsam.*

Rabatt-coupons

Sparen Sie mit den Aktionsangeboten unserer Rabattcoupons!

Rabattcoupons

FRED&OTTO

Rabattcoupons

Rabattcoupons